BIRGA DEXEL'S

Clickertraining

FÜR KATZEN

KOSMOS

INHALT

MEIN
Clickertraining

Der erste Kontakt mit dem Clickertraining

Ich kam das erste Mal während meiner zweijährigen Mitwirkung als Katzenexpertin in der täglichen Live-Sendung „Doc und Co" beim damaligen Fernsehsender Tier TV mit dem Clickertraining in Berührung. In dieser zweistündigen Sendung wurden Zuschauerfragen rund ums Tier beantwortet.

Das Team bestand aus einem Tierarzt und zwei Verhaltensexperten für die verschiedenen Arten. Ich wurde als Katzenexpertin konsultiert und saß regelmäßig mit dem Hundetrainer Matthias Huber im Studio. Matthias empfahl das Clickertraining als eine hundgerechte Erziehungsmethode. Eine Trainerin brachte zudem einmal eines ihrer Hühner mit ins Studio und zeigte das Clickertraining gemeinsam mit ihrer Henne. Das war eine ebenso verblüffende wie überzeugende Vorstellung. In den USA und jetzt auch in Europa können Tierhalter in den sogenannten Chicken Camps die Prinzipien des Clickertrainings auch mit Hühnern lernen, um die Grundlagen später bei ihren Haustieren anzuwenden.

EINE IDEE WÄCHST HERAN

Mich begeisterte diese Methode sofort, sich konzentriert mit seinen Tieren zu beschäftigen. Und schon überlegte ich, ob sie nicht auch die Lösung für unterforderte Wohnungskatzen sein könnte.

Zugegebenermaßen war ich auch skeptisch, ob Katzen überhaupt Lust haben würden, meinen Ideen und Anleitungen zu folgen, und ob sie sich lange genug konzentrieren könnten oder wollten. Um meinem Interesse tatkräftiges Handeln folgen zu lassen, waren – wie so häufig im Leben – schicksalhafte Ereignisse nötig, die meinen Weg zur Clicker-Enthusiastin ebneten.

MEINE CLICKERANFÄNGE Mit dem Tierarzt Dr. Wolfgang vom Hove (li) und dem Hundetrainer Matthias Huber in der Sendung „Doc und Co", Tier TV

DIE SEGNUNGEN DES TRAININGS Der wilde Matisse ganz entspannt.

MATISSE WIRD MEIN ERSTER CLICKERFALL

Mein allererster Clickerfall entstand aus der Notwendigkeit heraus, unseren rastlosen kätzischen Neuzugang zu „erden": unseren Kater Matisse. Als mein über alles geliebter Kater Bärchen im hohen Alter von achtzehn Jahren verstarb, blieben wir mit seinem Katerkumpel Marvin trauernd zurück. Einige Monate nachdem wir unseren Katerfreund beerdigt hatten, erhielt ich den Anruf einer Kundin, die händeringend ein Zuhause für einen Kater suchte, der eine wahre Odyssee durch mindestens fünf verschiedene Stationen hatte über sich ergehen lassen müssen, und das innerhalb weniger Wochen. Auch bei ihr könne er nicht bleiben, drängte sie. Da wir, mein Partner und ich, ihr und natürlich dem Tier kurzfristig helfen wollten und zudem mit dem Gedanken spielten, Marvin nach der Trauerphase wieder einen Kumpel zur Seite zu stellen, bot ich an, dem Kater vorübergehend Asyl zu gewähren, um dann in Ruhe ein schönes und dauerhaftes Zuhause für ihn zu finden. Aus dem „vorübergehend" sind mittlerweile schon ganze, wunderbare und auch wilde sechs Jahre geworden, von denen ich kein einziges missen möchte. Matisse hat uns alle, einschließlich Marvin, um die Kralle gewickelt. Seinen Namen erhielt er nach dem französischen Künstler Henry Matisse, weil uns sein rastloses, energetisches Wesen unweigerlich an die weltberühmten Illustrationen aus der Jazz-Serie des Malers erinnerten, die eine unglaubliche Energie und Dynamik ausdrücken, die auch dieser Kater besitzt. Er ist ein wahres Kraftpaket, immer in Aktion.

Matisse zog bei uns ein und blieb. Obwohl er meistens sehr freundlich und an allem interessiert war, kam er jedoch nie zur Ruhe; er reagierte oft nervös und ängstlich und damit gepaart, wie es häufig bei Katzen vorkommt, auch potenziell aggressiv. Er erinnerte an ein hyperaktives Kind, das schlecht mit Stress und Veränderung umgehen kann und bei dem sich die aufgestaute Energie notgedrungen ab und zu ein Ventil sucht. Darüber hinaus schien er stark unter Verlustängsten zu leiden. Alles zusammen führte dann auch einige Male zu glücklicherweise noch harmlosen Konfrontationen mit Marvin und Familienangehörigen.

Uns war bewusst, dass wir etwas unternehmen mussten, allein schon zum Wohle unseres anderen Katers Marvin, der, obwohl äußerst gutmütig, doch zuweilen genervt bis gestresst auf seinen lebhaften Mitbewohner reagierte. Schließlich war er an ein harmonisches und entspanntes Zusammenleben mit seinem alten Katerfreund Bärchen gewöhnt.

DICKE FREUNDE Bärchen putzt Marvin den Kopf.

TRAININGSSTUNDEN BEIM HUNDETRAINER

Ich fragte Matthias Huber, der hauptsächlich sehr erfolgreich und behutsam mit Hunden arbeitet, ob er mir und meinem Partner einige Einführungsstunden ins Clickertraining geben könnte. Dieses Vorhaben wurde ein überwältigender Erfolg, und auch Matthias sah mit großer Freude und Genugtuung, wie schnell und begeistert die beiden Kater lernten.

Dennoch: Aller Anfang ist schwer. Für uns menschliche Schüler gestalteten sich die ersten Übungen anstrengender und schweißtreibender als gedacht. Aber natürlich auch sehr ermutigend und bestätigend. Ich werde nie den Moment nach unserer

ersten erfolgreichen Clickersession vergessen: Matisse, sonst ein unruhiger Geist, der oft wie gehetzt durch die Wohnung lief und sich nur kurz auf meinen Knien niederließ, um bereits Sekunden später wie ein Getriebener aufzuspringen, lag plötzlich auf meinem Schoß. Er streckte alle Pfoten gen Himmel und schlief schnurrend auf dem Rücken liegend ein. Rückblickend war dies der Moment, in dem Matisse wirklich bei uns ankam; er fühlte sich nun sichtlich wohl in seinem Körper und seine Ruhelosigkeit legte sich. Alle ungerichtete Energie floss nun in die richtigen Bahnen. Seit dieser Zeit clickern wir täglich und wir alle lieben es. Das ist jetzt viele Jahre her und der immense Spaß am Training ist geblieben. Meine Katzen fordern seitdem ihren gewohnten Clickerspaß ein, eine Erfahrung, die sicherlich auch Sie machen werden. Es gehört nur ein wenig Beständigkeit und Regelmäßigkeit dazu.

CLICKERTRAINING IN DER VERHALTENSBERATUNG

Eine Triebfeder meines Lebens und meine wahre Berufung ist es, Tieren ein gutes und artgerechtes Leben zu ermöglichen. Sei es im Artenschutz für Schneeleoparden und andere bedrohte Tierarten, in dem ich lange Jahre hauptberuflich gearbeitet habe, oder jetzt als Katzentherapeutin. Ich wünsche mir, dass keine Katze mehr ihr Zuhause verliert, weil sie verhaltensauffällig wird und ihre Menschen damit nicht umgehen können. Alle Tiere haben ein Recht auf ein gutes – ihren artgemäßen Bedürfnissen und individuellen Wünschen entsprechendes – Leben in unserer Mitte. Ich möchte mit meiner Arbeit zur Verwirklichung meines Herzensanliegens beitragen.

Der Erfolg mit meinen eigenen Katzen bestätigte mich, und schnell sah ich das immense Potenzial des Clickertrainings für die Verhaltensberatung. Zu diesem Zeitpunkt suchte ich nach Methoden, die mit meiner Grundüberzeugung vereinbar waren, dass Veränderungen am nachhaltigsten durch positive Bestärkung bewirkt werden und nur durch gewaltfreies Arbeiten erfolgen dürfen. Ich sehe Katzen als Partner und Familienmitglieder und nicht als Wesen, denen ich nach Bedarf meinen Willen aufzwingen darf und die schlicht zu funktionieren haben. Ich verstehe die Verhaltensberatung und das Training mit Katzen als einen Weg, ein harmonisches Miteinander für Mensch und Katze auf Augenhöhe zu schaffen. Neueste Erkenntnisse aus der Verhaltensbiologie und den Neurowissenschaften legen nahe, dass nicht das Prinzip des Stärkeren, sondern Kooperation einen evolutionären Vorteil bringt. Das sollte uns zu denken geben.

Das Clickertraining mit Katzen öffnete mir diesen Weg und ich begann, mich intensiv mit dieser Methode auseinanderzusetzen. Zu dieser Zeit gab es nur wenig deutschsprachige Literatur und kein einziges Buch zum Clickern mit Katzen. Es waren vor allem Hundehalter, die das Clickertraining für sich entdeckt hatten und seine Segnungen nutzten. Schon bald hatten wir Konzepte entwickelt, wie diese Methode sinnvoll als Instrument in der Verhaltensberatung bei Katzen anzuwenden war und wie ich sie meinen Katzenkunden für ihr häusliches Training vermitteln kann.

CLICKERN IST EINE PRAKTISCHE ANGELEGENHEIT

Es gibt wie beim Sport oder beim Sprachenlernen unterschiedliche Lerntypen: Manch einer geht sehr methodisch und rational an eine neue Aufgabe heran, andere lernen sehr intuitiv oder müssen beispielsweise den Ablauf einer Übung erst einmal selbst durchexerzieren und am eigenen Leib spüren. Für uns persönlich war das Lernen aus den wenigen damals verfügbaren Büchern viel zu abstrakt. Wir brauchten einen Coach. Und das Ergebnis gab uns Recht: Mein Partner und ich lernten äußerst schnell und erfolgreich durch das gemeinsame Üben mit Matthias. Clickern ist etwas ganz Praktisches, es geht um Erfahrung, letztendlich um praktisches Wissen und Übung. Die Handhabung, die Bewegungen müssen ins Gedächtnis des Körpers aufgenommen werden, um sie immer wieder abrufen zu können. Wir müssen Schritt für Schritt ein Gefühl für den Umgang mit der Methode entwickeln. Genaue Anleitung und richtige Korrekturen sind wichtig, das habe ich selbst durch die Arbeit mit Matthias gelernt. Oftmals können kleine und kleinste Korrekturen den Durchbruch bringen. Geduld und Sorgfalt gehören dazu. Sonst bleibt der Clickeranfänger an einem bestimmten Punkt hängen und gibt das Training frustriert auf. Das wäre zu schade für seinen kätzischen Freund.

CLICKERKURSE UND SKYPETRAINING

Mit meinem Partner entwickelte ich für meine Klienten und Schüler Einsteiger-Clickerkurse, bei denen unsere Katzen eine große Rolle spielen. Sie sind die eigentlichen Kursleiter. Zu unseren ganztägigen Wochenendkursen reisen Teilnehmer aus Österreich, der Schweiz, Spanien, Großbritannien und sogar aus Abu Dhabi an. Wir freuen uns immer wieder zu sehen, wie sehr Katzenhalter mittlerweile auch große Mühen auf sich nehmen, damit es ihren geliebten Tieren gut geht.

KONZENTRIERTES LERNEN IN DER GRUPPE Matisse beim Clickern mit Kursteilnehmer Boris.

Matisse ist der Star bei unseren Kursen. Auf ihn wirken sie wahrhaftig wie ein Elixier. Er badet geradezu in der Aufmerksamkeit und Bewunderung seines begeisterten „Publikums". Nach den Kursen, bei denen er gezeigt hat, welche beeindruckenden Talente in ihm stecken, ist er jedes Mal der zufriedenste Kater der Welt.

Da es nicht für jeden möglich ist, einen Kurs bei uns in Berlin mit unseren „Profikatzen" zu belegen, begannen wir das Clickertraining mit dem Videokonferenzprogramm „Skype". Dazu brauchen wir nur eine Internetverbindung. Dabei zeige ich „auf meiner Seite", also zu Hause mit Marvin und Matisse, wie die einzelnen Übungen idealerweise aussehen und auf welche Feinheiten besonders zu achten ist. Auf der „anderen Seite", also bei meinen Kunden, üben meine menschlichen und tierischen Schüler in gewohnter Umgebung miteinander. Auf diese Weise können sich unnötige und hinderliche Fehler gar nicht erst einschleifen und wir erzielen besonders schnell nachhaltige Erfolge. Zudem dringe ich, wenn ich sozusagen nur am Monitor beim Training anwesend bin, nicht in das Revier der Katze ein, und sie ist dadurch wesentlich entspannter und kann sich ganz und gar auf ihre Übungen konzentrieren. Bei Hausbesuchen kann es vorkommen, dass ich die Katze, derentwegen ich kommen sollte, gar nicht erst zu Gesicht bekomme. Ängstliche Exemplare verkriechen sich eventuell unter Schrank oder Bett oder kommen erst aus ihrem Versteck, wenn ich mich auf den Rückweg mache. Ganz zu schweigen davon, dass ich in einer solchen, natürlich auch zeitlich

begrenzten Situation, nicht immer ruhig und konzentriert mit dem Tier arbeiten kann. Gerade ängstliche oder traumatisierte Tiere müssen sich aber sicher fühlen, erst dann kann sich der Erfolg einstellen. Wenn wir via Skype clickern, schaffen wir eine Win-win-Situation: Wir plus Profi-Katzen zeigen, wie es geht, und coachen, der Kunde mit seiner Katze übt in gewohnter, sicherer Umgebung. Wir korrigieren und ermutigen, während Schüler und Katze ungestört wiederholen.

LERNEN DURCH BEOBACHTUNG

In unseren Kursen vor Ort kommt es hingegen zu einer positiven und hilfreichen Gruppendynamik. Die Teilnehmer bestärken sich gegenseitig, ermutigen sich. Sie lernen, wie es richtig geht, und lernen auch aus der Beobachtung der Fehler der anderen. Ähnlich wie Katzen, lernt auch der Mensch viel durch Zuschauen und Nachahmung. Wer sich für dieses Thema interessiert, dem sei das äußerst lesenswerte Buch des Primatologen Frans de Waal, Der Affe und der Sushimeister sehr ans Herz gelegt.

In unseren Kursen wird auch viel gelacht. Lustige Situationen ergeben sich, weil meine Katzen als „alte Hasen" sofort spüren, wenn unsere Schüler gerade zu Beginn noch unsicher mit Leckerchen, Clicker oder dem Targetstab hantieren. Dann versuchen sie vergnüglich, ganz nach Katzenart, das Training spontan umzudrehen. Die Frage, „Wer clickert wen?", beantworten sie selbst, natürlich in ihrem Sinne, mit dem Resultat, dass

DIE WELT IM BLICK Esme verfolgt den Halm. Carlos beobachtet sie dabei ganz genau.

viele Schüler den kätzischen Aufforderungen prompt Folge leisten. Dagegen ist grundsätzlich nichts zu sagen. Allerdings ist es wichtig, beim Erlernen unserer neuen „Sprache" systematisch und eindeutig zu sein und sich „nicht die Butter vom Brot nehmen zu lassen", auch nicht von charmanten, cleveren Profi-Katzen. Deshalb legen wir viel Wert auf Genauigkeit.

Gerade die Basis-Übungen sollten hundertprozentig sitzen. Ausprobieren und wiederholen, bis jedes Signal eindeutig gelingt, ist unverzichtbar. Je genauer wir am Anfang sind, desto schneller stellt sich später der gewünschte Erfolg ein. Und dann können wir tatsächlich Langeweile aus dem Katzenalltag eliminieren und therapeutische Erfolge erzielen.

DER EINFLUSS DES FERNSEHENS

Durch die unglaubliche Resonanz nach meinen Fernsehbeiträgen für „Katzenjammer", „hundkatzemaus" und „Drei Engel für Tiere" kam es zu einem wahren Run auf das Thema Clickertraining für Katzen. Für viele Zuschauer war es das erste Mal, dass ihnen in einem Massenmedium die Möglichkeit des Trainings von Katzen gezeigt wurde. Direkt mit Katzen interaktiv zu arbeiten, galt zuvor als exzentrisches Hobby einiger weniger Eingeweihter und fand entweder hinter verschlossenen Türen oder höchstens im Katzenzirkus statt. Da Katzenhalter im Gegensatz zu Hundehaltern oder Reitern nicht gemeinsam auf den Hundeplatz oder in die Reithalle gehen können, blieb ihnen oft nur der Austausch mit Gleichgesinnten im Internet. Oftmals unter Pseudonymen, und auch dort in der Regel ohne direkten persönlichen Kontakt durch gemeinsame Besuche.

Die Fernsehfolgen, in denen wir das Clickertraining auch für den Einsatz in der Verhaltenstherapie vorführten, war für viele der Beginn einer fruchtbaren Auseinandersetzung – der Startschuss zu einem neuen Umgang mit ihren kätzischen Lieblingen. Im Anschluss an die Ausstrahlungen verzeichneten Internet-Blogs, die sich mit diesem Thema beschäftigten, zigfache Zugriffe auf ihre Seiten. Meine Fernsehsendungen und Weiterbildungsangebote sind sicherlich auch deshalb so beliebt, weil sie das tiefe Bedürfnis von Katzenhaltern aufgreifen, freundschaftlich, gewaltfrei und auf Augenhöhe mit ihren Katzen umzugehen. Clickertraining ist ein Weg zu einem sinnvollen und kreativen Austausch zwischen Mensch und Tier.

BIRGA bei Dreharbeiten.

AUS DER PRAXIS, FÜR DIE PRAXIS

Mir und meinem Team ist es wichtig, dass diese katzenfreundliche Methode möglichst vielen Haltern zugänglich wird und sie das Clickertraining unkompliziert in den Alltag mit ihren Katzen einbauen können. Trotz vieler Kursangebote und Einzelsitzungen wäre es anmaßend zu denken, wir könnten den vielen Anfragen unserer Kunden nach Kursen gerecht werden. Daher dieses Buch: Wir wollen Ihnen eine praxisnahe, anschauliche, detaillierte und für jeden umsetzbare Einführung ins Clickertraining bieten. Wir verfolgen das Motto: So viel Praxis wie möglich, so viel Theorie wie nötig.

Durch die Arbeit mit unzähligen kätzischen und menschlichen Klienten wissen wir, was beide Seiten bewegt und welche Übungen von Relevanz im Zusammenleben von Katze und Mensch sind.

KONZEPTION DIESES BUCHES

Dieses Buch basiert auf meinen langjährigen praktischen Erfahrungen in der Arbeit mit Katzen und ihren Menschen und beinhaltet ein alltagstaugliches Programm, das auch von berufstätigen Katzenfreunden mit weniger Zeit praktiziert werden kann. Meine Erfahrung mit Klienten in Clickerkursen und in Einzelberatungen hat mir gezeigt, dass es Sinn macht, das Training ganz systematisch aufzubauen, ähnlich dem Reitenlernen.

GESCHAFFT Gemeinsames Üben verbindet.

Ein Reitanfänger wird die drei Grundgangarten Schritt, Trab und Galopp nacheinander erlernen und nicht umgekehrt. Auch wir gehen so vor. Deshalb ist das Buch so aufgebaut, dass es dem Clickeranfänger eine logische Abfolge von Übungen, die aufeinander aufbauen, anbietet. Wir arbeiten uns von grundlegenden Vorübungen über leichte Übungen zu immer komplexer werdenden Übungen vor, so wie es sich auch in unseren Kursen bewährt hat. Ich habe mich entschieden, nicht alle mit Katzen möglichen Übungen anzusprechen, sondern die Anzahl der Übungen zu begrenzen und sie stattdessen detailliert und für jeden verständlich zu erläutern. Ich möchte beim Clickertraining jeden mitnehmen, der diesen Weg mit seiner Katze beschreiten will. Daher gebe ich mir in diesem Buch besondere Mühe mit ausführlichen und akkuraten Anleitungen zum Clickertraining. Auch die fortgeschrittenen Leser werden vom Insistieren auf kleinste aber wichtige Feinheiten profitieren. Der Teufel steckt auch hier im Detail. Ein sorgfältig geplanter Einstieg in die Materie rentiert sich für Katze und Mensch. Das gesamte Trainingsprogramm ist so konzipiert, dass Sie keine kostspieligen Utensilien anschaffen müssen und umgehend starten können. ABER: Eine schnelle Auffassungsgabe allein reicht leider nicht aus, um eine tiefgreifende positive Änderung im Verhalten mehrerer Katzen untereinander oder in der Beziehung der Katzen zu ihren Menschen zu erreichen; selbst die talentiertesten kätzischen Clickerkönige müssen, nein sie DÜRFEN jeden Tag ihr Programm absolvieren. Unsere Devise lautet: Mit Spaß üben, üben, üben!

IM CLICKERLAND
Spaß & Lernen

Gemeinsam Neuland betreten

Wenn wir mit dem Clickertraining beginnen, betreten wir gemeinsam mit unserer Katze Neuland. Ich nenne es gerne Clickerland, und hier gibt es viel zu entdecken: ein freundschaftliches Miteinander, respektvoller Umgang, Spaß und Lernen mit tollen Leckerchen, Nähe durch Kennenlernen und das Formen einer gemeinsamen Sprache.

Clickern in unserem Sinne ist eine gemeinsame Sprache, die wir mit der Katze zusammen erlernen. Wir verstehen es als ein artübergreifendes Esperanto zur Kommunikation mit Katzen, das viele ungeahnte Möglichkeiten eröffnet. Wichtig ist, dass beide Seiten diese Sprache erlernen und beherrschen. Wenn Katze und Mensch über das Grundvokabular und die Grammatik verfügen, kann die Sprache ständig durch neue Vokabeln und dialektische Ausprägungen weiterentwickelt und verändert werden.

MIT VORURTEILEN AUFRÄUMEN

Es geht beim Clickern darum, gemeinsam mit der Katze im Laufe des Trainings ein Programm zu erarbeiten und immer wieder neue Übungen oder Varianten zu entwickeln. Der Clicker ist mein Hilfsmittel zur Kommunikation, er ist weder ein Machtinstrument noch eine Fernsteuerung. Katzen werden durch das Clickertraining nicht zu willenlosen Robotern, nur weil sie eine Belohnung, sprich eine positive Verstärkung ihres Verhaltens erhalten. Wenn einige clickerunerfahrene Katzenfreunde hören, dass wir von „Konditionierung auf den Clicker" sprechen, assoziieren sie damit sofort die Pawlowschen Hunde, denen der Speichel aus dem Fang lief, wenn die Glocke ertönte – so wollen wir unsere Katzen natürlich nicht sehen.

Auch hat die Konditionierung auf den Clicker nichts mit Dominanz, Zwang oder gar Gewalt zu tun. Ich möchte an dieser Stelle jeden Katzenfreund beruhigen: Katzen lassen sich nicht zu etwas zwingen, was sie nicht wollen. Sie lassen sich glücklicherweise auch nicht „brechen", wie es leider nach wie vor im Hunde- und Pferdetraining zu erleben ist. Katzen werden sich nur auf ein Trainings- oder Spielangebot einlassen, wenn sie Spaß an dem Ganzen gefunden haben und sie darin einen Sinn sehen. Der Sinn kann auch darin liegen, sich ihrem Menschen zuliebe darauf einzulassen. Katzen lassen sich anregen, aber nicht drängen. Sie machen mit, wenn sie wollen. Wir haben es allerdings in der Hand, sie zu motivieren.

WER DEFINIERT DIE SPIELREGELN?

Eine Pionierin des Clickertrainings, die US-Amerikanerin Karen Pyror, nimmt an, die Katze sei beim Clickertraining der Ansicht, sie gebe die Spielregeln vor, indem sie uns aktiv dazu bringt, zu clicken und Leckerchen herauszurücken. Nun, wer weiß das schon. Aber eins ist sicher: Wenn Mensch und Tier überzeugt sind, dass sie einen aktiven Part im Geschehen haben, so ist es doch für beide ein gleichermaßen befriedigendes Vergnügen. Es ist wie immer eine Frage der Perspektive. Ich mag diese Sichtweise, erinnert sie mich doch an den unter Katzenhaltern weithin bekannten und beliebten Ausspruch: Sie füttern mich, sie kümmern sich um mich, ich muss Gott sein! Und schon die alten Ägypter wussten um das götterähnliche Wesen der Katzen. So wird auch Bastet, die Göttin der Fruchtbarkeit und der Liebe, als Katze dargestellt. „Bastet Rules" könnte man sagen,

was frei übersetzt so viel heißt wie „Bastet gibt den Ton an" – und ja, unsere kätzischen Freunde wissen schon, wie sie uns am effektivsten lenken. Das entlockt mir immer ein Schmunzeln. Und passt zu unserem Bild vom wunderbaren Clickerland: Ich stelle mir ein kätzisches Paradies vor, in dem den Katzen die schmackhaftesten Köstlichkeiten durch ein wenig Aufwand in den Mund fliegen.

KATZEN WOLLEN LERNEN UND GEFORDERT WERDEN

Neben den bereits erwähnten Vorbehalten gegenüber der Konditionierung von Katzen gibt es noch andere Gründe, warum Katzenfreunde sich erst in den letzten Jahren vom Clickertraining überzeugen ließen, obwohl sie doch mit einer ausgesprochen intelligenten Spezies zusammenleben.

Nach wie vor hält sich hartnäckig die Meinung, Katzen wollten und könnten nicht trainiert oder erzogen werden. Eine sehr traurige Konsequenz dieser Denkweise ist, dass unzählige Katzen mit schwierigen Verhaltensweisen einfach weggegeben werden, und damit für viele Katzen eine Odyssee von einem Halter zum nächsten beginnt, bis sie sogar in manchen Fällen tierschutzwidrig eingeschläfert werden. Mit den Jahren bin ich Zeugin vieler derartig trauriger Katzenschicksale geworden. Jeder Fall, in dem wunderbare Katzenwesen, aufgrund menschlicher Unkenntnis oder fehlender Bereitschaft, eine Lösung zu finden, derart leiden müssen, entsetzt mich und macht mich wütend. Lassen Sie es mich Ihnen sagen: Katzen sind weder lernresistent, noch dumm, noch unwillig. Ich erlebe

MODERNER BASTETKATER Birga im Kreise ihrer „Katzengötter"

ESME Die ehemalige Zuchtkatze hat im Clickertraining eine sie ausfüllende Aufgabe gefunden.

Katzen täglich als äußerst intelligente, neugierige, wissbegierige Gefährten. Sie haben ihren eigenen Willen und drücken in ihrem Verhalten ihre eigene Persönlichkeit aus – genau deswegen schätzen wir sie auch so außerordentlich. Ob eine Katze Spaß daran hat, mit uns zu arbeiten, hängt vor allem von der Wahl der richtigen Mittel ab, wie wir ihr die Aufgaben schmackhaft machen und sie zum Mitmachen motivieren. Dazu gehören eine angenehme Atmosphäre, Geduld und ein freundlicher Umgang. Es ist wie bei uns Menschen: Der Ton macht die Musik.

VORAUSSETZUNGEN FÜR ERFOLG

In diesem Zusammenhang wird auch verkannt, dass die Katze über eine klare Kommunikation verfügt. Wir müssen allerdings zuerst ihre oftmals subtile Laut- und Körpersprache kennen und lesen lernen. Dies ist die essentielle Grundlage für ein gemeinsames Clickertraining. Hat der Halter die Signale der Katze verstehen gelernt, kann er auch adäquat reagieren. Erst dann wird sie sich motivieren und begeistern lassen. Oder lapidar ausgedrückt: Ich muss zuerst verstehen können, wie mein Gegenüber „tickt". Dann funktioniert auch die Verständigung mithilfe der neuen Sprache: mit unserem „Katze-Mensch-Esperanto." Oft fällt dem Menschen als Gruppenwesen die Kommunikation mit anderen in sozialen Gruppen lebenden Tieren wie Hunden deutlich leichter. Offensichtlich sind Lautgebung und die Körpersprache der Hunde für viele eindeutiger. Bei Katzen müssen wir ganz speziell unsere Intuition, Empathie, unsere feinen Antennen nutzen und auf gemachte Erfahrungen zurückgreifen. Eine Katze zum Mitmachen zu motivieren, ist per se für einen Anfänger wesentlich schwieriger, als einen Hund zum gemeinsamen Spiel aufzufordern. Die meisten Hunde gehen auf menschliche Angebote und Kontaktversuche sehr viel schneller und begeisterter ein als Katzen. Mit Katzen zu arbeiten und zu kommunizieren, ist eine größere Herausforderung, die aber eine große Freude bereitet.

PFOTE AUF HAND Filou und Birga üben sich im Katze-Mensch-Esperanto.

COPY CATS – MEISTER DER NACHAHMUNG

Katzen lernen unter anderem durch Beobachtung und Nachahmung, deswegen ist es auch so wichtig, dass Sie, sollten Sie in einem Mehrkatzenhaushalt leben, möglichst mit allen Katzen gemeinsam clickern. Auch die passiv zuschauende Katze erlernt das Gesehene.

Katzen müssen im Sprachgebrauch für die Illustration ganz unterschiedlicher Sachverhalte herhalten. Zwei Ausdrücke aus dem Englischen umschreiben das besonders anschaulich: So heißt in der Kriminalistik der Nachahmungstäter im Englischen „copy cat", wohl auch deswegen, weil Katzen so gut im Nachahmen – im Kopieren – sind. „Herding cats" (wörtlich: Katzen hüten) beschreibt eine Aufgabe, die wir im Deutschen mit „Flöhe hüten" bezeichnen und die für uns eigentlich nicht lösbar ist. Dabei wird unterstellt, dass die Katze sowieso nur macht, was sie will, und der Mensch keinerlei Einfluss auf ihr Verhalten hat. Wir sprechen im Deutschen salopp auch davon, dass etwas „für die Katz" ist, wenn es vergebens oder umsonst war. Wahrscheinlich prägen negative Sprachbilder uns mehr, als uns bewusst und lieb ist. Machen Sie nicht den Fehler, an diesen Vorurteilen festzuhalten. Wenn wir hingegen bewusst an unserer eigenen Wahrnehmung und Kommunikation arbeiten, können wir diese antiquierten Klischees Lügen strafen.

Halten wir uns an die Copy Cats. Katzen sind großartige Nachahmer, wir müssen ihre Beobachtungsgabe und Neugierde nur nutzen. Dann ist das Clickertraining auch nicht „für die Katz". Versprochen!

BELOHNUNG ZÄHLT! LOBEN IST WICHTIG

Beim Clickertraining arbeiten wir nur mit positiver Bestärkung: Belohnen, Loben, Ansprache. Während wir üben, gibt es keine negativen Reaktionen: kein „Nein", kein Schimpfen, keine Bestrafung. Unerwünschtes Verhalten wird ignoriert – erwünschtes Verhalten wird belohnt. Insbesondere, wenn das erwünschte Verhalten direkt nach dem Unerwünschten erfolgt, ist es ganz wichtig, dieses enthusiastisch zu würdigen und mit etwas Köstlichem zu belohnen. Wir drücken damit aus: „Ja, richtig! Genau dieses Verhalten möchte ich von dir. Gut gemacht!"

Katzen sind viel schlauer als manch einer denkt. Sie finden schnell heraus, wann und wie sie zu ihrem erwünschten Ergebnis kommen und wann der Aufwand für sie zu groß wird. Sie sind wahre „Meister der Energieeffizienz". Das hat seinen Sinn: Da in der freien Natur die Jagd sehr anstrengend und aufwendig ist und ihr Leben und das der Nachkommen von Jagderfolgen abhängt, dürfen sie ihre Energie nicht verschwenden. Auch Hauskatzen reagieren, ungeachtet eines täglich gefüllten Napfes, noch so ursprünglich. Daher müssen wir sie anfänglich bei den aktiveren Übungen, natürlich je nach Persönlichkeit der Katze, ein wenig aus der Reserve locken, bis sie merken, wie lohnenswert die Bewegung für sie ist.

Es ist wichtig, dass die Katze freiwillig auf unser Angebot eingeht. Eine Katze, die Sie zum Training zwingen wollen, indem Sie sie aus ihrer Kuschelhöhle holen und herbeitragen, findet in den seltensten Fällen Gefallen daran.

Warum Clickern?

Bei der Frage, ob man Katzen trainieren sollte, scheiden sich die Geister. Nicht notwendig, weil es gegen die Natur der Katze sei, sagen die einen; eine tolle Möglichkeit, um für Abwechslung und Auslastung zu sorgen, sagen die anderen.

Ich kann die Sichtweise, dass wir Katzen doch auch deswegen so bewundern und lieben, weil sie so unabhängige, willensstarke Wesen sind, sehr gut nachvollziehen, halte aber die Schlussfolgerung, dass wir deswegen nicht mit Katzen auf eine kooperative Art und Weise arbeiten können, für falsch. Insbesondere Wohnungskatzen brauchen Angebote wie das Clickertraining. Es steht in keinerlei Widerspruch zu ihrer Persönlichkeit. Wenn wir mit einer Katze unser Leben teilen wollen, müssen wir auch bereit sein, auf ihre Bedürfnisse Rücksicht zu nehmen.

WIE KATZEN VOM CLICKER-TRAINING PROFITIEREN

Die vielfältigen Motivationen engagierter Katzenhalter entsprechen der fantastischen Vielfalt dessen, was sich mit dem Clickertraining auf spielerische und freundschaftliche Weise bewirken lässt. Da jede Katze ebenso wie ihr Mensch einzigartig ist, wird auch jedes Training ganz individuell ausgestaltet und an die jeweilige Lebenssituation angepasst. Das Clickertraining ist kein Hokuspokus, sondern eine auf wissenschaftlichen

Grundlagen basierende Trainingsmethode. Je länger ich mit dem Clickertraining arbeite, desto mehr Möglichkeiten entdecke ich für dessen Einsatz. Es ist enorm vielfältig und endet erst dort, wo meine Fantasie nachlässt. Clickern erscheint mir manchmal so, wie das Schälen einer Zwiebel, man schält die erste Schicht ab, und darunter folgt eine weitere. Obwohl es völlig ungefährlich ist und keinerlei negative Auswirkungen hat, ist das Clickertraining natürlich auch kein Allheilmittel. Es ist nicht mehr und nicht weniger als eine extrem wirkungsvolle Methode, die dazu beiträgt, dass eine artgemäße Haltung von Wohnungskatzen gelingt.

AUSGLEICH FÜR EIN LEBEN IM FREIEN

Die Lebensbedingungen von Katzen und die Rolle, die Katzen im Leben von vielen Menschen spielen, haben sich in den letzten fünfzig Jahren so drastisch verändert, dass ein auf positiver Bestärkung basierendes Training die beste Möglichkeit darstellt, unseren geliebten Katzenfreunden in der Anpassung an die veränderten Bedingungen unter die Pfoten zu greifen. Katzen leben immer häufiger ausschließlich in Wohnungen und können viele Aspekte ihres artgemäßen Verhaltensrepertoires nicht ausleben.

Beim Clickertraining geht es mir besonders darum, auch Wohnungskatzen natürliche Verhaltensweisen zu ermöglichen und für Herausforderungen, denen sich Freigängerkatzen ausgesetzt sehen, kreative Alternativen in unseren vier Wänden zu finden. Die Höhepunkte vieler gelangweilter Wohnungskatzen stellen die Rückkehr ihrer Menschen und das Öffnen der Kühlschranktür dar. Dann gehören vielleicht noch ein bisschen Schmusen und eventuell noch ein wenig Spielen dazu. Das allein reicht selbstredend nicht aus. Wir dürfen Wohnungskatzen die Möglichkeit, ein ausgefülltes und aktives Leben zu führen,

nicht vorenthalten. Das steht jeder einzelnen Katzenpersönlichkeit zu. Wenn wir uns für eine Katze entscheiden, und sie aus Gründen der Sicherheit, oder weil es die Gegebenheiten nicht zulassen, nicht nach draußen lassen, so müssen wir für die Verhaltensweisen und Bewegungsabläufe, die ein Katzenleben ausmachen und die eine Katze für ihr Wohlbefinden dringend braucht, Alternativen finden. Mit dem Clickertraining ersetzen wir einen Teil ihres Lebens im Freien, indem wir in der Wohnung mit ihr brachliegende Bewegungsabläufe üben. Diese Ansicht steht in keinem Widerspruch zum Wesen der Katze. Katzen wollen lernen, sie wollen zeigen, was sie können; sie lieben es, wenn wir uns mit ihnen sinnvoll und spielerisch beschäftigen.

ALTERNATIVEN Nicht jede Katze darf ins Grüne. Da bietet das Clickertraining einen sinnvollen Ausgleich.

LERNEN FÜR DEN ALLTAG

Neben der Tatsache, dass Sie mit Clickern Ihrer Katze viel Anregung, Spaß und gemeinsame Stunden bieten können, ist das Clickern eine tierfreundliche Methode, um gezielt Verhaltensweisen anzutrainieren, die Alltagsrelevanz für die Katze haben. Dazu zählen: in den Transportkorb gehen, Autofahren, Tierarztbesuche oder Zähneputzen, Kämmen, Körperchecks, auf Signal kommen oder auch Leinengang im Garten, um nur einige zu nennen.

„QUALITY TIME" – GEMEINSAM ZEIT VERBRINGEN

Clickereinheiten sind sehr effektiv. Ich müsste täglich deutlich länger mit der Katze spielen, um das gleiche Ergebnis an Bewegung, Energieverbrauch und Zufriedenheit zu erreichen. Gerade das Beschäftigen von aktiven und sehr agilen Katzen auf konventionelle Art und Weise kann buchstäblich zu einem Fulltime-Job werden. Hier bieten Clickerübungen einen Ausweg. Clickern befriedigt dabei gleichzeitig unterschiedliche Bedürfnisse des Tieres: Es ist eine qualitativ sehr hochwertige gemeinsame Zeit mit dem Menschen, bedient den Bewegungsdrang und befriedigt die Neugierde, fördert koordinative Fähigkeiten, sorgt für Ausgeglichenheit und gibt neue Lebensfreude. Unsere Katzen leben neben uns her, erleben einen Alltag mit uns, in dem wir ständig in Bewegung und mit mehreren Dingen gleichzeitig beschäftigt sind: „Multitasking". Wir sitzen am Computer, hören Musik, telefonieren, starren auf die kleinen Bildschirme unserer ach so unentbehrlichen Smartphones. Unsere Aufmerksamkeit ist also fast nie ungeteilt.

Und das ist es, was unsere Katzen unbedingt brauchen und wollen: ungeschmälerte Aufmerksamkeit. Wir sollten sie ihnen nicht vorenthalten. Beim Clickern ist unser Fokus hundertprozentig auf die Katze gerichtet. Das ist eine Hinwendung und eine Herausforderung – für beide, Katze und Mensch. Das Ergebnis wird Sie überraschen: Es entsteht eine ganz neue Qualität der Beziehung. Katzen, die geclickert werden, sind insgesamt ausgeglichener, zufriedener und dadurch sicherlich auch glücklicher. Viele Halter berichten auch, dass ihre Katzen anhänglicher geworden sind. Sie sind dafür dankbar, dass sich die Bindung zwischen ihnen und ihrer Katze intensiviert und positiv verändert hat.

Vielleicht hilft Ihnen ja die Vorstellung von Clickern als einer gemeinsamen Sprache, die wir mit unserer Katze zusammen erlernen, eben unser „Katzen-Mensch-Esperanto". Mich würde es jedenfalls freuen, wenn Sie mit Ihrer Katze und gemeinsam mit mir und meinem Buch Ihr Clickerland betreten.

Gerade unterforderte Wohnungskatzen brauchen dringend Interaktion statt Langeweile. Findet das Clickertraining regelmäßig im Alltag statt, wird es zu einer festen Konstante, auf die sich Katzen freuen können, zum Beispiel am Ende des Tages, wenn ihr Mensch nach Hause kommt.

AUSLASTUNG FÜR KATZEN MIT BEWEGUNGSDRANG

Sehr agile Tiere werden durch ein regelmäßiges Training ruhiger und ihr Energielevel wird ausgeglichener. Ihnen werden gezielt Übungen angeboten, die

MIT SEINER WELT IM REINEN Tabby döst gemütlich in seiner Hängematte.

helfen, die angestaute Energie in Bewegung umzusetzen. Die Erfahrung mit verhaltensauffälligen Katzen hat mich gelehrt, dass gerade agile Tiere zu vielen Verhaltensproblemen neigen, wenn sie, in einer Wohnung lebend, kein Ventil für ihre Energie finden. Ihre Energie, die in der freien Natur zum Jagen genutzt würde, muss abfließen können, sonst zeigt sie sich in anderer Form.

AKTIVITÄTSSTEIGERUNG FÜR PHLEGMATISCHE KATZEN

Katzen, die ihren Tag bisher scheinbar am liebsten dösend auf dem Sofa oder auf dem Kratzbaum verbringen, werden aktiv und entwickeln mehr Bewegungsdrang

und Lebenslust. Die Frage, die sich jeder Halter einer solchen Katze stellen muss, ist, ob sein Tier wirklich von Natur aus gemütlicher veranlagt ist oder ob dies eine fast depressive Reaktion auf eintönige Lebensbedingungen und den Mangel an spannenden Aktivitäten sein kann. Katzen arrangieren sich oftmals mit einer reizarmen Umgebung. Wir halten sie dann fälschlicherweise für phlegmatisch und verschlafen.
Eine Klientin beschrieb ihr Erstaunen über das veränderte Verhalten ihres Katers folgendermaßen: „Ich erkenne meinen Kater gar nicht mehr wieder, er steht jeden Abend freudig vor mir und möchte, dass ich mit dem Clickern beginne.

Ich hätte nie vermutet, dass Paulchen, von dem ich dachte, dass er am liebsten den Tag verschläft und faulenzt und sich auch zum Spielen nicht aufraffen kann, so sehr beim Training aufblüht und sogar unserem wilden Charly dabei die Show stiehlt." Ähnliches höre ich ständig in Gesprächen mit Klienten.

ÄNGSTLICHE KATZEN WERDEN MUTIGER

Ich setze das Clickern auch gerne bei ängstlichen oder schüchternen Katzen ein. Oftmals sind das Katzen, die sich zurückziehen oder gerne verkriechen. Gerade sie brauchen liebevolle und sanfte Ermunterung, um sich aktiv und unbefangen am

NACH DEM CLICKERTRAINING ist Katze so herrlich müde! Britisch Kurzhaar-Kater Luis entspannt nach seinem Programm in besonders bequemer Pose.

Leben zu beteiligen. Es ist ein Balanceakt, der Fingerspitzengefühl erfordert, die Katze einerseits nicht zu bedrängen, denn das würde das Gegenteil bewirken, sie aber andererseits doch aufmunternd aufzufordern, den Übungen zu folgen. Es ist ein schönes Gefühl, ängstliche Katzen zu ermutigen, sich etwas Neues zuzutrauen, und dabei beobachten zu dürfen, wie sie über sich selbst hinauswachsen. Durch das Clickertraining kann die Katze neue Erfahrungen machen und wird dafür auch noch positiv bestärkt und mit Köstlichkeiten belohnt. Nach und nach fangen viele scheue Katzen schließlich an, sich schrittweise immer mehr zuzutrauen. Ich unterstütze den Prozess bei ängstlichen Katzen gerne mit einer individuell für jedes Tier zusammengestellten Bachblütenmischung. Meine Erfahrung zeigt mir, dass gerade die Kombination von Clickertraining und Bachblüten diesen Tieren sehr helfen kann.

IST DAS CLICKERN FÜR JEDE KATZE GEEIGNET?

Das Clickertraining ist für fast jede Katze, egal welchen Alters oder welcher Rasse geeignet. Die Voraussetzung ist, dass sie Lust dazu hat. Die Übungen und die Trainingsintensität werden an die jeweiligen Bedürfnisse von Mensch und Katze angepasst. In diesem Buch stelle ich Ihnen als Akteure und Fotomodelle, neben meinen Katern Matisse und Marvin, auch Katzen meiner Kunden mit unterschiedlichen Bedürfnissen und Vorlieben vor. Alle haben gerne mitgemacht, wie man auf den Fotos gut erkennen kann.

KATZEN AUS DEM TIERSCHUTZ

Ein besonders wichtiges Einsatzgebiet des Clickertrainings sehe ich bei den auf Vermittlung wartenden Katzen in Tierheimen und Pflegestellen. Hier bietet sich das Training auch speziell für traumatisierte Katzen an, das heißt für schüchterne, ängstliche und aggressive Tiere, die oft sehr schwer zu vermitteln sind und lange auf ein neues Zuhause warten müssen. Tierheimkatzen, mit denen Mitarbeiter und Ehrenamtliche regelmäßig clickern, haben eine deutlich größere Chance, vermittelt zu werden. Eine Katze, die wie vom Erdboden verschwunden ist, sobald Besucher nach einem neuen tierischen Mitbewohner suchen, ist praktisch nicht vermittelbar, wie wunderbar und gewinnend ihr Wesen auch sein mag. Mithilfe des Clickertrainings in den Auffangeinrichtungen und den Vermittlungsstellen des Tierschutzes, das regelmäßig erfolgen muss, könnte man die Vermittlungsquote erhöhen und vielen Tieren endlich einen Weg in ein gutes Zuhause ebnen. Ich würde mir außerdem sehr wünschen, dass zukünftige Halter sogar im Tierheim das Clickern erlernen könnten. Adoptierten sie dann ein Tier, fiele es ihnen zuhause viel leichter, das Clickern auch weiterhin einzusetzen. Damit gäben sie sich und ihrem Neuankömmling einen besseren Start ins gemeinsame Leben. Insgesamt möchte ich hier ausdrücklich sagen: Je mehr Tierhalter das Clickern erlernen und je höher die Akzeptanz gegenüber dem Clickertraining mit Katzen ist, desto effektiver können wir Tier und Mensch helfen.

VORBEREITUNGEN
für die Reise ins Clickerland

Vor dem Start

Clickern ist für viele Anfänger ein ungewohntes und überaus spannendes Unterfangen. Viele von Ihnen begegnen ihrer Katze wahrscheinlich zum ersten Mal auf einer völlig neuen und ungewohnten Ebene – im Idealfall – und das ist unser erklärtes Ziel – auf Augenhöhe.

Es ist etwas ganz Neues, die Wege der gewohnten täglichen Rituale zu verlassen und miteinander tatsächlich „ins Gespräch zu kommen". Anfänglich ist die Kommunikation sicherlich noch holprig und gleicht eher einem Abtasten. Das werden Sie bei den ersten Übungen miteinander sicher noch erleben. Doch schon bald wandelt sich ein eben noch stockender, eindimensionaler Dialog in ein lebhaftes Frage-und-Antwort-Spiel, in ein Verhandeln und ein Sich-gegenseitiges-Inspirieren. Das erfordert Konzentration und die Bereitschaft, sich auf sein Gegenüber einzulassen. Sie werden erstaunt sein, wie viele Aspekte der Persönlichkeit Ihrer Katze Ihnen bisher entgangen sind. Um in den Genuss dieser Vertrautheit mit Ihrer Katze zu kommen, ist es unerlässlich, sich zuvor eingehend mit der Handhabung unseres „Arbeitsgeräts", des Clickers, vertraut zu machen. Obendrein gilt es, den richtigen Clicker und ein passendes

Leckerchen für Ihre Katze zu finden. Clickerübungen verlangen immer auch ein gehöriges Maß an Koordination: Diverse Aufgaben müssen gleichzeitig ausgeführt und akkurat miteinander abgestimmt werden. Dies will natürlich gelernt sein. Diesem Multitasking können Sie entspannt entgegensehen, wir werden Sie schrittweise darauf vorbereiten.

HANDWERKSZEUG Clicker und Target eröffnen ein neues Kapitel unserer Kommunikation.

MARKER Diverse Clicker, Kugelschreiber und Taschenlampe

MIT DEM CLICKER FÄNGT ALLES AN

Clicker gibt es mittlerweile in verschiedenen Ausführungen. Das gängige Modell ähnelt dem in früheren Zeiten sehr beliebten Kinderspielzeug, genannt Knackfrosch. Eine Froschfigur aus Blech, an der auf der Unterseite ein Stückchen bewegliches Metall befestigt worden ist, das beim Drücken ein Klick-Klack-Geräusch erzeugt. Clicker sind in ihrer Funktionsweise dem nostalgischen Spielgerät nachempfunden. Ein Metallplättchen erzeugt auf Fingerdruck das charakteristische Clickgeräusch. Neben den Metallclickern gibt es mittlerweile auch Clicker mit einem Plastikknopf. Spezielle Clicker nur für Katzen gibt es nicht, die meisten werden Sie bei den Hundebedarfsartikeln finden.

DER CLICKER ALS MARKER

Das Clickgeräusch ist ein Marker, der das gewünschte Verhalten oder die gewünschte Bewegung der Katze genau zu dem Zeitpunkt, in dem sie das Verhalten oder die Bewegung zeigt, bestätigt. Der Clicker ist demnach so etwas wie mein mentaler Fotoapparat: In dem Moment, in dem ich den Clicker betätige, drücke ich im übertragenen Sinne auf den Auslöser und halte innerlich das Bild fest, das ich gerade gesehen habe. Ich mache also ein Foto davon, was meine Katze genau in dem Moment, in dem der Click ertönt, tut. Jede Pfotenbewegung, jede geringste Drehung des Kopfes kann so im mentalen Fotoalbum festgehalten werden. Ich „markiere" sozusagen die Situation mit einem Geräusch und einem Bild.

Aber nicht nur ich halte mit dem Click ein Foto fest, ich teile es auch mit meiner Katze. Die Katze legt dieses Bild in ihrem mentalen Album ab und weiß nun ganz eindeutig, worauf ich bei der speziellen Übung hinaus will.

DAS CLICKGERÄUSCH

Das Clickgeräusch ist gleichzeitig die Ankündigung der Belohnung, die augenblicklich darauf folgt. Eine Belohnung ist etwas, was der Katze in diesem Moment etwas bedeutet, etwas, das sie wertschätzt. Einige Autoren bezeichnen das Clickgeräusch auch als ein Versprechen an das Tier: „Jetzt gibt es gleich etwas Köstliches oder Angenehmes." Andere sehen das Clickern als ein Tauschgeschäft: „Du gibst mir, was ich möchte, und erhältst dafür im Gegenzug, was dir etwas bedeutet." Welches Bild man auch immer vorziehen mag: Der Clicker ist ein Kommunikationsmedium, mit dem ich der Katze mitteile: „Ja, genau so ist es gut und das lohnt sich!"

„KANN ICH AUCH ANDERE HILFS-MITTEL ALS MARKER BENUTZEN?"

Neben einem speziellen Clicker kann ich auch mit anderen Markern arbeiten. Alle Marker, die ein unverwechselbares, immer gleiches und somit eindeutiges Geräusch oder Lichtsignal erzeugen, sind geeignet.

In der Praxis hat es sich beispielsweise bewährt, das sanfte Klicken eines Kugelschreibers für lärmempfindliche Katzen oder gar lautlose Lichtsignale einer Taschenlampe für taube Katzen zu verwenden. Karen Pyror, die mit vielen unterschiedlichen Tierarten trainiert und gearbeitet hat, verwendet auch taktile Signale, wie beispielsweise die Berührung der Wasseroberfläche bei Fischen. Je nach Tierart und Wahrnehmungsvermögen können verschiedene Marker eingesetzt werden.

WAS MACHT EINEN GUTEN CLICKER AUS?

NICHT ZU LAUT

Die meisten der im Handel erhältlichen Clicker sind für sensible Katzenohren zu laut. Spätestens nachdem Sie einmal dicht neben Ihrem Ohr geclickt haben, wissen Sie, was ich meine. Der Clicker sollte generell immer vom Ohr der Katze weggehalten werden. Ich möchte sie keinem unangenehmen akustischen Reiz aussetzen.

Wenn Ihr Clicker zu laut sein sollte und Sie keinen anderen zur Hand haben, können Sie das Geräusch deutlich dämpfen, indem Sie den Clicker in eine Handy- oder Kindersocke stecken.

HANDLICH

Der Clicker sollte gut in der Hand liegen; er ist ineffektiv, wenn ich den Mechanismus nicht schnell genug aktivieren kann. Beim Clickern darf es zu keinerlei Verzögerung zwischen dem Auslösen (Drücken) und dem Laut (Click) kommen – manche Modelle leiden unter „Ladehemmung", die sind unbedingt zu vermeiden. Außerdem soll der Clicker mit diversen anderen Utensilien einfach zu koordinieren sein; ich muss ihn drücken können, während ich gleichzeitig mit Reifen, Targetstick oder anderen Dingen hantiere. Daher favorisiere ich eher einfache Modelle.

CLICKERGERÄUSCHE SIND EXKLUSIV

Das Clicken des Mechanismus, also das „Markergeräusch", darf nur beim Training zu hören sein – der Click bleibt exklusiv dem Training vorbehalten. Hat die Katze nämlich erst einmal dieses Geräusch abgespeichert, verwirren wir sie unnötig, wenn der Click außerhalb des Trainings ertönt, wir machen damit einen Großteil unserer Lernerfolge zunichte. Trainieren Sie mit dem Geräusch eines Kugelschreibers, dann ist gedankenverlorenes Herumspielen mit dem Kuli ab diesem Zeitpunkt natürlich absolut tabu. Letzteres ist wichtig, da Katzen alle Umgebungsgeräusche sehr genau wahrnehmen. Sie öffnen den Küchenschrank, in dem die Leckerchen liegen, und schon kommt Ihre Katze um die Ecke. Würden Sie ein Geräusch als Verstärker wählen, das im Alltagsleben Ihrer Katze mehrfach vorkommt und auch mit anderen Situationen verbunden ist, verwässern Sie den Marker und stiften Verwirrung. Sie lösen zudem eine gehörige Portion Frustration bei Ihrer Katze aus, wenn sie das Geräusch hört und keine Belohnung erhält.

„WARUM DER KNACKFROSCH, NICHT DIE STIMME?"

Die menschliche Stimme transportiert stets auch Emotionen und verrät dadurch meine derzeitige energetische und mentale Situation. Ein Clicker dagegen ist gleichbleibend gefühlsneutral und klingt immer gleich. Für den Trainingsalltag bedeutet dies konkret, dass ich den Clicker, für den ich mich entschieden habe, nicht mehr wechseln sollte. Ich löse sonst nur unnötigen Stress und Verwirrung beim Training aus. Denn wie bereits erwähnt: Es geht beim Clickern um Eindeutigkeit.

Info

ANSPRÜCHE AN DEN „PERFEKTEN CLICKER"

- präzise, eindeutig und charakteristisch
- unterscheidet sich klar von Umgebungsgeräuschen
- möglichst leise
- schnell auszulösen
- liegt gut in der Hand
- koordinierbar mit anderen Utensilien
- ist nicht zu groß
- gut zu reinigen (wichtig, wenn ich mit Frischfleisch belohne)

DIE WAHL DES LECKERCHENS

Auch für Katzen gilt: Einsatz muss sich lohnen! Die wenigsten Katzen sind Ehrenamtler! Clickertraining ist auch Arbeit, und wie Sie wissen, sind Katzen wahre Meister, wenn es darum geht, Energie zu sparen. Aber wenn sie sich erst einmal überwunden haben, wollen sie auch ihre Anstrengung honoriert wissen.
Ich werde oft gefragt, warum gerade Futter als Belohnung eingesetzt wird. Dann antworte ich, dass es Katzen nicht anders geht als uns. Nicht nur Liebe geht durch den Magen – auch die Motivation wird gerade anfangs durch köstliche Leckerchen geweckt und wächst.

LECKERCHEN RICHTIG AUSWÄHLEN Motivation geht auch durch den Katzenmagen.

AUF DER SUCHE NACH DEM „PERFEKTEN" LECKERCHEN

Diese Suche kann eine ganz eigene und herausfordernde Aufgabe sein. Das Leckerchen sollte so attraktiv und unwiderstehlich sein, dass es die Katze sprichwörtlich „hinter dem Ofen hervorlockt" – das heißt, wir müssen sie mit dem Leckerchen stark motivieren können.

MÖGLICHST GESUNDE UND KLEINE LECKERCHEN

Kommen mehrere potenzielle Leckerchen in Frage, so sollten sie so attraktiv und gesund wie möglich sein. Ich persönlich arbeite gerne mit frischem Biorindfleisch, etwa mit Gulasch, Roulade oder Rinderbraten. Ich frage oft an der Fleischtheke im Bioladen, ob ich das Rindfleisch, das sonst zu Rinderhack verarbeitet wird, am Stück kaufen kann. Im Bioladen habe ich auch die Sicherheit, dass keine Antibiotika aus der Rindermast über den Verzehr der Leckerchen in den Katzenkörper gelangen.

Das Fleisch wird wie ein Teebeutel für etwas weniger als eine Minute in eine Tasse mit kochendem Wasser gelegt, sodass sich die Poren schließen und es gleichzeitig innen noch zart und rosig bleibt. Dann schneide ich das Fleisch in etwa maiskorngroße Stückchen, die die Katze schnell und gut schlucken kann. Man sollte die Leckerchen möglichst klein portionieren können, damit man oft clicken und belohnen kann. Das hat zusätzlich den Vorteil, dass die Katze nicht lange kauen muss, was einen flüssigen Trainingsablauf behindern würde. Wenn das Kauen zu lange dauert, könnte sie währenddessen schon wieder vergessen haben, wofür sie eigentlich belohnt worden ist. Zudem setzt bei kleinen Häppchen das Sättigungsgefühl nicht zu schnell ein. Eine satte Katze zum Mitmachen zu motivieren, kann, wenn noch keine gemeinsame Routine etabliert worden ist, ein äußerst schwieriges, für Anfänger teilweise sogar unmögliches Unterfangen sein.

Wenn Ihre Katze jedoch partout kein Frischfleisch mag oder aus gesundheitlichen Gründen nicht fressen soll, können Sie zuerst auch mit Trockenleckerchen arbeiten. Ich bin aus gesundheitlichen Erwägungen von Trockennahrung für Katzen ganz und gar nicht begeistert. Es gibt aber einige hochwertigere Trockenleckerchen, die nur aus getrocknetem Fleisch bestehen und kein oder nur minimal Getreide enthalten.

Wichtig ist aber vor allem, dass wir die Katze zum Mitmachen bewegen können. Wenn dies anfänglich nur mit einem üblichen Katzensnack möglich ist, fangen Sie eben mit diesem an. Trotzdem würde ich Ihnen raten, diese handelsüblichen, aber eher minderwertigen Katzensnacks peu à peu durch höherwertige Produkte zu ersetzen.

BITTE KEINE KONSERVIERUNGSSTOFFE

Achten Sie bei allen Leckerchen darauf, dass diese keine gesundheitsschädlichen Bestandteile enthalten wie die Konservierungsstoffe E 210 (Benzoesäure), E 211 (Natriumbenzoat), E 212 (Kaliumbenzoat) und E 213 (Kalziumbenzoat). Diese Stoffe sind per Gesetz in Katzenfutter verboten, aber in Nahrungsmitteln für Menschen erlaubt. Für Katzen können, laut der Zeitschrift Ökotest, bereits fünf Promille dieser Konservierungsmittel tödlich sein.

BELOHNUNG MUSS SEIN Das Kätzchen erhält sein heiß begehrtes Leckerchen.

Info

E 210–213 finden sich u. a. in Fischsalat, aber auch in für Katzen verführerischen Lebensmitteln wie Krabben, Lachs und anderen Fischerzeugnissen. Vorsicht auch bei dem bei Katzen so beliebten Thunfisch. Dieser ist laut der Europäischen Behörde für Lebensmittelsicherheit (EFSA) mit erhöhten Mengen von Methylquecksilber belastet. Zudem sind viele Thunfischprodukte stark gesalzen, was für Katzen nicht empfehlenswert ist.

EXKLUSIV FÜR DAS TRAINING RESERVIERT

Ein Leckerchen, das permanent verfügbar ist, verliert zunehmend an Attraktivität. Katzen sind sehr intelligent und sehen nicht ein, warum sie einmal etwas umsonst bekommen und ein anderes Mal etwas dafür tun sollen. Das heißt aber nicht, dass die Katze außerhalb des Clickertrainings keine Leckerchen bekommen darf: Wählen Sie bitte andere. Die, die Ihrer Katze am besten schmecken, reservieren Sie für das Clickertraining.

DIE CLICKERLECKERCHEN WERDEN VOM FUTTER ABGEZOGEN

Dies ist besonders bei übergewichtigen Katzen unerlässlich. Hier müssen Sie die Gesamtmenge an Futter, die Ihre Katze über den Tag verteilt erhält, gut im Auge behalten. Bewegt sich die Katze allerdings viel beim Training oder werden körperlich anstrengende Übungen gemacht, darf es natürlich auch dementsprechend etwas mehr an Futter sein. Mehr Bewegung heißt in der Regel auch mehr Appetit. Zudem ist es meine Erfahrung, dass sich viele Katzen durch mehr Bewegung wohler fühlen, zumal sie dadurch etwas mehr, und das heißt ja weiter nichts als normal, fressen dürfen.

AUFBEWAHRUNG DER CLICKERLECKERCHEN

Bewahren Sie Ihre Leckerchen in einem Behältnis auf, das Sie so verschließen können, dass sich der für die Katze köstliche Duft nicht ungehindert im ganzen Raum verteilen kann. Ein geschlossenes Behältnis schützt auch vor unerwünschter Selbstbedienung, durch die das Training sonst leicht aus dem Ruder laufen kann. Eine Katze kann sich sonst einer solchen Verlockung kaum entziehen und schon gar nicht auf ihr Training konzentrieren. Ich nehme für meine Frischfleischleckerchen einen Becher, auf den ich einen Kunststoffdeckel für Nassfutterdosen stülpe. Der Deckel sollte sich ohne Kraft öffnen lassen. Vermeiden Sie verschlossene Boxen, die nur mit einem Zischen oder Knacken zu öffnen sind. Ihre Katze wird sonst unter Umständen nicht auf das Clickergeräusch konditioniert, sondern reagiert auf das Öffnen der Box.

Leckerchen-Ranking

Es kann sinnvoll sein, eine Art Leckerchen-Ranking zu erstellen. Je schwieriger die Übung, desto reizvoller sollte die Belohnung sein. Es ist immer gut, etwas ganz Besonderes in der Hinterhand zu haben, vor allem für sehr schwierige Übungen, die die Katze große Überwindung kosten, wie beispielsweise in den Transportkorb zu gehen.
Ein Ranking erstellen Sie, indem Sie der Katze eine Vielzahl von möglichen Leckerchen anbieten und schauen, was sie zuerst vernascht und was sie eher meidet.

LECKERCHEN-HITLISTE ERSTELLEN
Erstellen Sie eine Rangliste von Leckerchen und vergeben Sie Punkte auf einer Scala von 1 – 10.

RANKINGLISTE – SO KÖNNTE ES AUSSEHEN

LECKERCHEN	WIE BELIEBT 1 – 10 PUNKTE	IMMER – OFT – SELTEN	NACHTEILE BEIM CLICKERN	VORTEILE BEIM CLICKERN
Rindfleisch (Bio)	8	immer	keine	kleine Happen
Trockenleckerchen	5	oft	schlecht zerteilbar	
Katzenstängelchen (Bio)	6	oft		kleine Happen
Hühnerfleisch gekocht (Bio)	9	immer		kleine Happen

Mit den Punkten bewerten Sie, wie gerne Ihre Katze die Leckerchen frisst, und auch, ob sie sie jeden Tag begeistert annimmt oder nur ab und an. Probieren geht hier über studieren.

Ihre Katze sollte für den Test schon etwas gesättigt sein. Dann „servieren" Sie ihr die verschiedenen Leckerchen und beobachten genau, welche sie bevorzugt. Wiederholen Sie dies ein paarmal zu anderen Zeiten, um zu überprüfen, was Ihrer Katze wirklich schmeckt.
Bewährt hat sich bei meinen beiden Katern und auch bei einigen Katzen meiner Kunden ein sogenanntes Gläser-Buffet. Je nach Anzahl der Leckerchen-Proben, stelle ich die mit wenigen Bröckchen gefüllten Gläser in eine Reihe und dann schaue ich mit Spannung zu, wie oft sie gepfötelt werden.

FEINSCHMECKER BEI DER ARBEIT Esme probiert sich durchs Leckerchenbüffet.

PRÄCHTIG ENTWICKELT Der ehemals unterernährte Findling Carlos in seiner ganzen Schönheit.

KRITIK AN DER ARBEIT MIT LECKERCHEN

Ich höre immer mal wieder kritische oder besorgte Kommentare zum Thema Leckerchen. Da heißt es, „man würde ja beim Clickern die Katze wahllos mit Leckerchen vollstopfen". So drastisch wird dies allerdings in der Regel nur von Menschen vorgetragen, die diese Methode selbst nicht praktizieren und so auch nicht die zugrundeliegende Dynamik des Trainings verstehen. Ich habe Verständnis für das Unbehagen, besonders wenn der Katze nur ungesunde Happen gegeben werden. Aber genau das wollen wir ja möglichst vermeiden. Allerdings ist in der freien Natur selbstverständlich, dass Katzen für ihr Futter arbeiten; hier muss sich die Katze ihr Futter selbst erjagen. Arbeiten für Futter kommt der Situation in der Natur viel näher als das regelmäßige Vorsetzen von Futter in Näpfchen. Übrigens: Auch das zu Recht begeistert von der Katzenszene aufgenommene Fummelbrett von Helen Dalby nutzt das Prinzip, dass Katzen sich ihr Futter selbst erarbeiten sollen. Irrationale Stimmungsmache gegen das Clickertraining schadet nur den Wohnungskatzen, denn andere Alternativen für diese Katzen ohne Freigang werden selten genannt. Habe ich nur die Wahl zwischen Leckerchen-Verbot und Langeweile oder Leckerchen und Bewegung verbunden mit Spaß und verstärkter Bindung an den Halter, ist die Wahl ganz einfach. Die Antwort liegt meiner Meinung nach auf der Pfote!

VARIABLE BELOHNUNG IST DAS ZIEL

Zudem darf nicht vergessen werden, dass die Intervalle zwischen Leistung und Leckerchen im Verlauf des Trainings immer länger werden. Nur am Anfang und später bei neuen Übungen, wenn Katze und Halter noch gemeinsam lernen, wird zeitlich schnell aufeinanderfolgend geclickt und umgehend belohnt. Sobald die Übung sitzt, wird in zunehmend größeren Abständen und später sogar variabel belohnt, d.h. die Katze weiß nicht genau, zu welchem Zeitpunkt die Belohnung erfolgt, nach dem ersten, zweiten oder dritten Schritt. Wie Sie die variable Belohnung einführen, lernen Sie auf S. 98.

KATZEN MIT GEWICHTSPROBLEMEN

Tierärzte berichten immer häufiger von deutlich übergewichtigen Katzen in ihren Praxen, eine Entwicklung mit steigender Tendenz. Gerade für solche Katzen ist das Clickern sehr sinnvoll. Viele von ihnen haben ständig Futter, oftmals Trockenfutter, zur Verfügung und bewegen sich zu wenig. Dadurch verbrauchen sie weniger Kalorien als sie durch das Futter aufnehmen, werden immer dicker und in der Regel immer bewegungsmüder und -unwilliger. Durch das Clickertraining kann dieser Teufelskreis durchbrochen und die Lust auf Bewegung wieder geweckt werden. Das Futter muss sich die Katze, wie auch von der Natur vorgesehen, erarbeiten, es steht nicht mehr „kostenlos" zur Verfügung. Selbst Beute machen ist Arbeit und Katzen verbrauchen dabei mitunter auch sehr viel Energie. Erfolgserlebnisse beim Clickertraining geben, ähnlich Jagderfolgen in der freien Natur, zudem Selbstvertrauen und Zufriedenheit.

Im Gegensatz zu Fummelbrettern, die eine schöne Ablenkung im Katzenalltag darstellen können, hat das Clickertraining den Vorteil, dass ich gezielt das Bewegungspensum erhöhen und fast unbegrenzt ausbauen kann.

Statt ein Überangebot an Futter zu bieten, ist es viel wichtiger, dem Tier wirklich ungeteilte Aufmerksamkeit zu schenken. Liebe geht durch den Magen, das mag stimmen, aber wahre Bindung entsteht dadurch, dass ich mein Tier an meinem Leben aktiv teilnehmen lasse und wir schöne Erlebnisse teilen. Clickertraining

ist hierzu das perfekte Mittel und eine Alternative zu dem täglichen, banalen „Was will ich heute fressen?"- Ritual zwischen Halter und Katze. Häufig wird aufgrund eines latent schlechten Gewissens oder weil man die Aufforderungen des Tieres schlicht als Hunger fehlinterpretiert maßlos überfüttert. Massive Fehlernährung gepaart mit Bewegungsmangel ist die Basis für Übergewicht. Mit einem konsequenten, maßvollen Training kann solchen Fehlentwicklungen sehr effizient und mit viel Spaß für Katze und Mensch entgegengewirkt werden. Die passenden Übungen werden einer vollschlanken Katze wieder zu einem gesunden Körpergefühl und mehr Lebensqualität verhelfen.

FEHLERNÄHRUNG Futter ist kein Ersatz für echte Interaktion.

MEINE KATZE MAG KEINE LECKERCHEN

Andererseits gibt es auch Halter, die statt übergewichtiger Katzen Futterverweigerer im Haus haben. Meine Klienten, die mich auf dieses „Problem" ansprechen, wissen einfach nicht, womit sie nach dem Click belohnen sollen, da ihre Katzen keine Leckerchen mögen.

Da ich mich auch intensiv mit der Ernährung für Mensch und Katzen beschäftige, ist mir das ein vertrautes Phänomen. Mäkelige Katzen können jedem Halter das Leben schwer machen. So gibt es regelrechte Futterterroristen, die prinzipiell jedes neue Futter ablehnen oder heute nur die Soße des einen und morgen nur das Hähnchenfleisch des anderen Futters fressen. Meine Erfahrung hat mir gezeigt, dass ein solches Verhalten mit der inneren Einstellung der Halter, aber auch mit der ständigen Verfügbarkeit des Futters zu tun hat. Entweder ist die Katze satt, oder ihr hat der ständig in der Luft liegende Essensgeruch den Appetit genommen. Stellen Sie sich vor, Sie würden in einer Bäckerei arbeiten und von morgens bis abends von den leckeren Gerüchen umgeben sein, sehr bald schon haben Sie keine Lust mehr auf Kuchen oder Brötchen: Menschen wie Katzen stumpfen ab. Aber wie kann ich bei Futterverweigerern das Futter beim Clickertraining ersetzen? Auch wenn sich Futter als stärkster „primärer Verstärker", wie man die Belohnung in der Clicker-Fachsprache bezeichnet, erwiesen hat, kann die Katze mit allem belohnt werden, was ihr etwas bedeutet. Dies können Streicheleinheiten, ein kurzes Spiel-Intermezzo beispielsweise mit einer Katzenangel, oder Bürstenstriche sein. Es gibt unter Katzen ganz verspielte Tiere oder gar Striegelenthusiasten, für die eine Futterbelohnung zweitrangig ist. Allerdings müssen Sie dann das Lieblingsspielzeug und die Lieblingsbürste nach der Clickersession wieder im Schrank verschwinden lassen.

WIE HUNGRIG SOLLTE DIE KATZE SEIN?

Die Katze sollte vor dem Trainingsbeginn einen gesunden Appetit haben, aber nicht ausgehungert sein. Zu großer Hunger führt dazu, dass sie sich nicht auf die Übungen konzentrieren kann, weil ihr

BEIM FUMMELN Matisse erarbeitet sich einen Teil seines Futters selbst.

der Magen knurrt oder es zu Eifersüchte-
leien in der Katzengruppe kommt. Aber
zu wenig Appetit heißt auch deutlich
weniger Motivation.

Hunger ist auch abhängig von der Tages-
form und schwankt mit dem Aktivi-
tätslevel, dem Wetter und der Jahreszeit.
Während ich dieses Kapitel schreibe,
erleben wir gerade den heißesten August
seit Beginn der Wetteraufzeichnung.
Ich ernähre mich glücklich mit frischen
Salaten und Obst, mehr brauche ich
nicht, und auch meine Katzen haben sehr
viel weniger Lust zu fressen als sonst
und verdösen den Tag lieber genüsslich
im Schatten.

ERST LERNT DER MENSCH, DANN DAS TIER

Idealerweise bin ich beim Clickern entspannt und nicht innerlich mit anderen
Plänen oder Gedanken beschäftigt (ich
muss etwas essen; ich habe Termine,
möchte eigentlich schon fertig sein).
Clickern darf auch nicht zu einer nerven-
den Aktivität werden, die ich schnell
abarbeiten will. Die Katze orientiert sich
stark an den Emotionen ihres Menschen.
Sie lässt sich auf Ihre Stimmung ein.
Clickern macht nur dann Sinn, wenn
es auch Ihnen Spaß macht und Sie am
gemeinsamen Arbeiten Freude haben.
Erst dann wird auch Ihre Katze Gefallen
daran finden – je freudvoller und entspannter Sie sind, desto erfolgreicher
wird das gemeinsame Üben.
Wenn Sie beim Clickern merken, dass
Sie genervt, ungehalten oder zu unsicher
werden, dann sollte Sie die Clickersession

KEINE EXTRAWURST Die Clicker-Leckerchen ...

mit einer von Ihrer Katze leicht auszu-
führenden Übung beenden. Damit ge-
währleisten Sie, dass sich Ihre Stimmung
nicht negativ auf Ihre Katze überträgt.
Meistens sind es menschliche Fehler, die
dazu beitragen, dass es beim Training
hakt, und diese Fehler sollten nicht ein
Grund werden, das Training gänzlich
aufzugeben.

ÜBUNGEN VISUALISIEREN

Gerade wenn einige Clickerübungen noch
schwer fallen, kann es helfen, die Übung
vor dem Training Schritt für Schritt im
Kopf durchzugehen und sich vorzustellen,
wie die Katze die Übung perfekt ausführt. Je genauer ich den Bewegungsablauf in Gedanken durchspiele, umso

eindeutiger vermittle ich meiner Katze die erforderlichen Signale. Visualisierung ist eine bewährte und effektive Technik, die mittlerweile in vielen Bereichen wie dem Hochleistungssport, der Manager-schulung bis hin zum Freizeitreiten (Centered Riding Methode von Sally Swift) angewandt wird.

Denken Sie zum Beispiel nur an Yoga: In einer Yogastunde visualisieren Sie bereits vor einer Körperübung die einzelnen Schritte, die für das Erreichen der jeweiligen Körperstellung (Asana) notwendig sind, bevor sie diese ausführen.

Auch beim Springreiten hat sich diese Technik der Visualisierung als sehr sinnvoll erwiesen. Nutzen Sie den Moment des Innehaltens und der Konzentration und Sie werden die Übungen deutlich effektiver ausführen.

WIE ICH MICH AUF DAS TRAINING VORBEREITE

Sehr wichtig ist eine gute mentale und körperliche Vorbereitung, besonders dann, wenn ich angespannt und müde von der Arbeit nach Hause komme. Katzen sind äußerst feinfühlige Lebewesen. Wenn wir uns ärgern, bleiben sie uns häufig fern, weil sie unsere Energie als unangenehm empfinden. Das erlebe ich auch mit Marvin und Matisse. Komme ich aber beispielsweise vom Yoga, so saugen sie meine gute Energie dankbar auf. Deshalb möchte ich Ihnen gerne zwei ganz einfache Übungen vorstellen, die sich zur Vorbereitung auf das Clickertraining bewährt haben, speziell um Blockaden im Körper zu lösen und zu entspannen. Vielleicht helfen Sie ja auch Ihnen.

Atemübung

Wie und wie tief wir atmen, sagt eine Menge über unseren momentanen körperlichen und seelischen Zustand. Gerade in Stresssituationen ist unsere Atmung oft flach und stellt uns zu wenig Sauerstoff zur Verfügung. Wenn ich bewusst atme, d. h. wenn ich mich gezielt mit meinem Atem verbinde, dann entspanne ich und baue Stress ab. Die Resultate sind fantastisch.

SONNE UND MOND VERBINDEN: DIE YOGISCHE WECHSELATMUNG

Die gebräuchlichere Bezeichnung „Wechselatmung" trifft den Sinn dieser Atemlenkung sehr gut, denn man schließt abwechselnd das linke und das rechte Nasenloch und atmet jeweils nur über eine Seite aus und ein. Die Wechselatmung soll unsere inneren Energiekanäle (im Sanskrit heißen sie Nadis, in der Traditionellen Chinesischen Medizin würde man von Meridianen sprechen) von Blockierungen befreien und unsere Energien ausgleichen und zum freien Fließen bringen.

1 Für die Übung setzen Sie sich aufrecht und bequem hin. Dafür eignen sich Meditationskissen oder Yogablöcke. Alternativ können Sie eine Yogamatte oder Decke aufrollen und sich bequem im Schneider- oder Fersensitz platzieren.

2 Beugen Sie den Zeige- und Mittelfinger Ihrer rechten Hand zur Handfläche und strecken Sie den Ringfinger und den kleinen Finger aus. Der Ringfinger wird in der Übung das linke und der Daumen das rechte Nasenloch verschließen, und zwar direkt unterhalb der knöchernen Nase, dort, wo der Nasenknorpel beginnt. Achten Sie beim Verschließen der Nase darauf, dass Ihre Schultern entspannt und Ihr rechter Arm nicht zu eng am Brustkorb anliegt und dass der Kopf nicht auf das Brustbein sinkt. Der Nacken sollte sich frei anfühlen und Sie können den Kopf leicht von einer Seite zur anderen bewegen.

WECHSELATMUNG Rechts schließen, links einatmen.

...Atem anhalten. Beide Seiten werden verschlossen ...

Rechts wieder öffnen und ausatmen.

3   Schließen Sie die Augen und konzentrieren Sie sich einige Atemzüge lang auf das ruhige Ein- und Ausströmen Ihres Atems.

4   Dann atmen Sie über beide Nasengänge ein, verschließen anschließend das rechte Nasenloch mit dem Daumen und atmen langsam über das linke Nasenloch aus.

5   Anschließend atmen Sie links ein und verschließen zusätzlich mit dem Ringfinger das linke Nasenloch. Verharren Sie einen für Sie angenehmen Moment in der Atemfülle.

6   Dann lösen Sie den Daumen vom rechten Nasenloch und atmen langsam über dieses aus. Verweilen Sie wiederum einen Augenblick in der Stille der Atemleere, und atmen dann über rechts wieder ein.

7   Wiederholen Sie den Zyklus. Führen Sie anfangs nur ein paar Atemrunden in Ihrem eigenen Tempo durch. Atmen Sie zum Abschluss über beide Nasengänge aus. Verweilen Sie noch kurz in Stille und spüren Sie der Übung nach.

Schultern lockern und Handgelenke kreisen

Die nächste Übung lockert die Schultern und Handgelenke, was wichtig ist, beispielsweise für das Führen des Targetsticks. Durch die ständige Arbeit am Computer sind meist die Schultern verspannt und die Handgelenke steif. Sie merken, dass Sie die Übung brauchen, wenn Sie es knacken hören.

1   Stellen Sie sich bequem hin und verteilen Sie Ihr Gewicht gleichmäßig auf beiden Füßen.

2   Dann lassen Sie langsam Ihre Schultern kreisen. Zuerst einige Male nach vorn, dann nach hinten, anschließend versuchen Sie, eine Schulter nach vorn und die andere gegenläufig nach hinten kreisen zu lassen.

3   Schließlich ziehen Sie beide Schultern nach oben und kneifen Ihr Gesicht zusammen, so als würden Sie in eine saure Zitrone beißen. Versuchen Sie möglichst lange diese Anspannung und den Atem zu halten und lassen Sie abrupt und mit dem Ausatmen gleichzeitig die Schulter fallen. Sie werden merken, wie der Stress des Tages von Ihnen abfällt. Je angespannter Sie sind, desto öfter wiederholen Sie die letzte Übungsabfolge.

4   Anschließend kreisen Sie beide Handgelenke mehrmals in beide Richtungen.

AUFNAHME Wie ein Fotoapparat hält der Click alle Details der Übung fest.

DER RICHTIGE MOMENT FÜR DEN CLICK

Ohne den mentalen Ballast geht es jetzt frisch ans Werk!

Nach den Entspannungsübungen fällt es unseren Kursteilnehmern oftmals wesentlich leichter, sich auf den ersten Schritt – nämlich die zeitlich richtige Abfolge zwischen Click und Belohnung – zu konzentrieren. Sie ist der Dreh- und Angelpunkt des Clickertrainings.

In der Sekunde, in der ich den Click auslöse, wird die Aufmerksamkeit Ihrer Katze auf das gelenkt, was genau in diesem Moment passiert. Sie nimmt den Übungsschritt mit all ihren Sinnen wahr. So als würde sie sich ein Foto von ihrer Bewegung machen.

Man könnte es auch als „mentales Foto" beschreiben, das in diesem Moment entsteht. Alle Details sind darauf festgehalten, um die Bewegung beim nächsten Mal leicht wieder abrufen zu können.

Ich hatte ja schon oben darüber geschrieben, wie wir uns mit der Vorstellung eines Fotos erklären können, was mit dem Click zwischen Mensch und Katze beim Übungsablauf ausgetauscht wird. Ein Bild, ein Einvernehmen: So soll es sein!

RICHTIGES TIMING: CLICK – LECKERCHEN

In der Phase der Konditionierung ist es sehr wichtig, dass Click und Leckerchen möglichst zeitnah hintereinander, aber nicht gleichzeitig, erfolgen. Daraus ergibt sich eine perfekt aufeinander abgestimmte Reihenfolge von Click und Leckerchen. Damit das Tier den Click mit dem Leckerchen verbinden kann, sollte laut Untersuchungen nicht mehr als 0,5–1 Sekunde vergehen, man muss anfangs also sehr schnell reagieren.

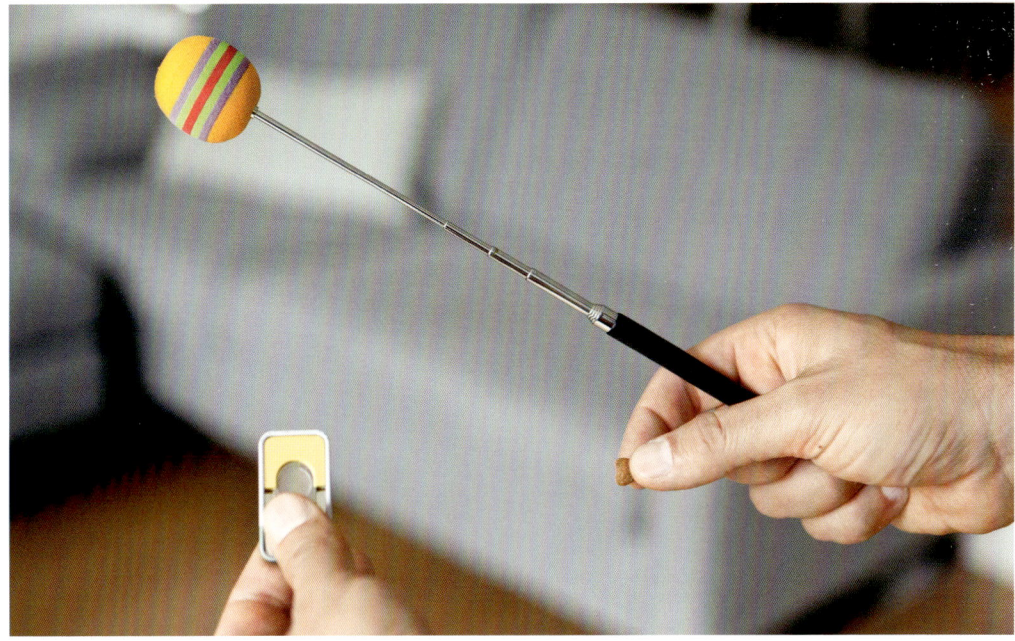

DIE RICHTIGE ABFOLGE Clicker, Targetstick und Leckerchen werden miteinander koordiniert.

Später, mit mehr Routine, kann man mit der Leckerchengabe etwas entspannter umgehen, denn die Katze weiß jetzt, dass sie ihr Leckerchen bekommen wird. Der Click im richtigen Moment bleibt aber unerlässlich.

STOLPERSTEINE BEIM TIMING

ACHTUNG BEIM TEMPO Statt nur einmal zu clicken und sofort danach das Leckerchen anzubieten, wird die Katze nicht selten durch folgendes Verhalten verwirrt und irritiert:

VERZÖGERUNG Click-warten-warten-suchen-dann erst Leckerchen

SIMULTAN Zeitgleiche Gabe von Click und Leckerchen (Cleckerchen)

DOPPELCLICK Click – Click – Leckerchen.

Clicken Sie immer nur einmal – und auf jeden Click folgt ein Leckerchen. Clickt man versehentlich, muss konsequenterweise auch eine Belohnung folgen, denn das Clickgeräusch ist die Ankündigung für die Katze: Jetzt kommt gleich etwas Tolles!

NUR BEIM TRAINING CLICKERN

Vielleicht machen Sie sich am besten zunächst außerhalb Ihrer Wohnung mit dem Clicker vertraut, um das Signal nicht zu „verwässern". Dann kann es losgehen. Aber bitte den Clicker nie dazu benutzen, um die Aufmerksamkeit der Katze zu wecken. Ein Großteil der bis dahin stattgefundenen Trainingsbemühungen wäre sonst „für die Katz". Besonders wenn Sie das Clickertraining in der Verhaltenstherapie einsetzen, wie

viele meiner Klienten, wäre ein gedanken-
loses Clickern kontraproduktiv. In der
Verhaltenstherapie geht es nicht nur um
Spiel und Spaß, sondern darum, Verhaltensauffälligkeiten wie Markieren oder
Unsauberkeit entgegenzuwirken, und da
steht leider auch schon mal das Schicksal
einer Katze auf dem Spiel, wenn ein Ver-
haltensproblem nicht in den Griff zu bekommen ist. Gehen Sie deshalb achtsam
mit dem Clicker um.

KATZEN LERNEN IMMER IM KONTEXT

In Lernsituationen nehmen Katzen alles
wahr, was um sie herum vorgeht und
speichern es in seiner Gesamtheit ab.
Für sie hängt alles zusammen: der Ort,
die Tageszeit, das Licht, die Geräusche,
die durch das Fenster kommen, der Geruch der Leckerchen, der Lieblingssessel,
usw. Dabei kann jedes noch so kleine

FÜR HOCHBEGABTE Filou hat gelernt, mit Ankes Hilfe zu puzzeln.

Detail für den Lernprozess außerordentlich wichtig werden, im positiven wie im negativen Sinne. Katzen lernen stets in einem Kontext, das heißt in einem Zusammenhang, der dem Menschen nicht immer ersichtlich ist.

Für das Clickertraining bedeutet das, dass wir der Katze zu Beginn einen Rahmen für das Training bieten sollten, der ihr hilft, schnell und mit Freude zu lernen. Das gilt speziell in Bezug auf den Ort und den Zeitpunkt des täglichen Trainings. Sie können den Lernprozess unterstützen, indem Sie immer zu einer ähnlichen Tageszeit – beispielsweise immer abends vor dem Fressen – und im selben Raum üben. Diese Form von Beständigkeit, Regelmäßigkeit und Vorhersehbarkeit hilft der Katze außerordentlich, sich auf die neue Aufgabe einzulassen, sich sicher zu fühlen und sorgt für Vorfreude.

Aber Achtung: Gerade für Katzen ist es auch wichtig, Flexibilität zu lernen. Das bedeutet, dass man im fortgeschrittenen Stadium auch zu anderen Zeiten üben oder die Übungen in einem anderen Zimmer ausführen sollte.

Wenn wir Clickerkurse durchführen, bereiten wir am Abend vor dem Kurs den Seminarraum vor. Unsere Kater reagieren sofort, wenn die Stühle aufgestellt werden. Sie freuen sich und wissen, dass endlich wieder ihr geliebter Clickerkurs stattfindet. Marvin schläft dann meistens sogar nachts auf den Stühlen, um am nächsten Morgen gleich alle Teilnehmer begrüßen zu können und keine Minute zu verpassen. Damit zeigt er uns immer wieder, wie sehr er die Interaktion und Abwechslung schätzt. Lernen macht nämlich Spaß.

KATZEN SIND MEISTER DER KONDITIONIERUNG

Katzen könnten das Prinzip der Konditionierung erfunden haben, nicht Pawlow. Die allermeisten Hauskatzen wissen, welchen Knopf sie bei ihrem Menschen drücken müssen, um das zu erreichen, was sie möchten. Viele Halter kennen die „Tricks" ihrer Katze ganz genau, beispielsweise wenn es um das Futter geht. Man stellt der Katze ein frisches Schälchen mit Futter hin, die Katze schnuppert kurz, dreht sich weg und schaut ihren Menschen maunzend an. Schließlich läuft sie zum Futterschrank. Der Mensch denkt: „Oh, warum habe ich meiner Katze dieses unangenehme Futter vorgesetzt? Ich kann sie doch nicht hungern lassen!" Und schon wird ein neues Schälchen geöffnet.

Tausende Halter werden frühmorgens aus den Federn getrieben, weil sie prompt auf kätzische Methoden reagieren. Zu diesen gehören Kratzen an der Schlafzimmertür, aufs Bett springen und miauen, Pfote aufs Gesicht legen, Haare abschlecken, auf dem Brustkorb herumtrampeln. Schnell ist der Mensch konditioniert und die Katze bekommt, was sie will: Aufmerksamkeit, Futter, Spiele oder eine offene Terrassentür.

Der Kater einer österreichischen Kundin klettert immer die Gardinen vor der Terrassentür hoch, wenn er im Zimmer bleiben soll, aber in den Garten möchte. Seine Halterin „pflückt" ihn dort mehrmals ab, um ihn wieder auf den Boden zu setzen. Das macht sie so lange, bis sie genervt nachgibt und die Terrassentür schließlich doch öffnet. Wir arbeiten

EIN CHARMANTES TRIO Sigrid weiß um die Überzeugungskraft von Luis, Leo und Linus.

momentan noch intensiv daran, dem Klettermax diesen Trick abzugewöhnen. Ähnliches kennen viele Halter, die ihr Sofa in der Nähe der Terrassentür stehen haben. Will die Katze in den Garten und hat ihr Mensch das nicht zügig begriffen oder lässt sich zu viel Zeit, wird intensiv am Sofa gekratzt. Damit erreichen sie schnell die gewünschte Reaktion.

Der Kater einer Münchener Kundin hat sich selbst beigebracht, die Klospülung zu betätigen, ein sicher ungewöhnliches Signal, um Aufmerksamkeit zu bekommen. Verzweifelt hat die Kundin ein Brett über der Klospülung anbringen lassen, damit sie vor allem nachts Ruhe hat.

Beim Clickertraining lernt die Katze durch die positive Verstärkung, die sie für ihre Handlung bekommt, meistens in Form von Leckerchen (primärer Verstärker). Allerdings erst, nachdem ihre Handlung durch das Clickgeräusch (sekundärer Verstärker) markiert worden ist. Durch ihre Intelligenz verstehen Katzen sehr schnell, welche ihrer Handlungen den erwünschten Effekt (Leckerchen, Aufmerksamkeit, etc.) erzielen – die Katze lernt durch Erfolg. Somit hat die Katze immer die Kontrolle über den Ausgang des Geschehens – sie behält sozusagen das Heft in der Hand und sie kann jederzeit aussteigen – ihr wird nichts aufgezwungen.

Viele Katzen haben ihren Menschen gut im Griff. Wer lang genug sein Futter verschmäht, bekommt oft etwas Besseres.

ZUERST ÜBT DER MENSCH

Damit die Konditionierung auf den Clicker bei der Katze klappt, sollte der Mensch zuerst den Clicker als Kommunikationswerkzeug sicher beherrschen, sonst stiftet er nur Verwirrung. Üben wir also erst einmal mit einem menschlichen Partner.

ÜBUNG 1: DIE GUMMIBÄRCHEN-PARTNERÜBUNG

Hier stelle ich Ihnen eine lustige, aber notwendige Übung zum Warmwerden vor. Legen Sie schon einmal den Clicker und jede Menge Gummibärchen oder Ähnliches zurecht.

1 Suchen Sie sich einen Partner, zwei bequeme Stühle und nehmen Sie Ihrem Partner gegenüber Platz. Der Clicker und das Leckerchen liegen entspannt im Schoß.

2 Dann beginnen wir: Zuerst ein Click und dann wird das Gummibärchen dem Partner ohne Verzögerung übergeben.

3 Sobald er fertig gekaut und geschluckt hat, ertönt der nächste Click und er bekommt sofort ein Gummibärchen. Wir wiederholen diese Übung fünfmal hintereinander. Dann legen wir eine kleine Pause ein, um die Übung anschließend noch einmal zu wiederholen. Danach drehen Sie den Spieß um und Ihr Partner ist an der Reihe. Wichtig bei der Übung ist, dass wir ganz ruhig agieren. Sie werden merken: Die zeitliche Abfolge zwischen dem Click und der Belohnung fällt mit jeder Wiederholung leichter und selbstverständlicher aus.

STEP 1 Jana und Kalle sind entspannt. Jana löst den Clicker aus.

STEP 2 Sofort nach dem Click reicht Jana Kalle seine Belohnung.

STEP 3 Kalle freut sich überrascht an seiner Belohnung.

Gemeinsamer
CLICKERSPASS!

So geht's los: Konditionierung

Jetzt haben wir die schöne Aufgabe, unsere Katzen für das Clicker-training zu begeistern. Die Handgriffe haben wir mit unserem menschlichen Gegenüber geübt und das Timing sitzt. Nun lassen Sie sich von Ihrem kätzischen Partner überraschen.

Katzen reagieren unterschiedlich auf unser Clickerangebot: Einige sind anspruchs-voller, neugieriger oder zurückhaltender als unsere menschlichen Partner, andere vielleicht aus Freude, Ungeduld oder Appetit völlig aus dem Häuschen und wie-der andere ganz und gar desinteressiert. Unsere Hauptaufgabe besteht anfangs darin, unseren Katzen sowohl Lust aufs Clickertraining zu machen als auch ihre und unsere Motivation aufrechtzuer-halten. Dafür ist es besonders wichtig, gleich von Beginn an akkurat und präzise zu üben, um der Katze eindeutige und für sie schnell verständliche Signale zu geben.

EINE GUTE VORBEREITUNG IST DAS A UND O FÜR ERFOLG

DER OPTIMALE ZEITPUNKT Wählen Sie eine Tageszeit, die die Katze nicht mit anderen Aktivitäten wie Fressen, Putzen oder Revierkontrolle verbringt. Natürlich darf das Training auch nicht mit Ruhe-phasen wie Schlafen oder Dösen kollidie-ren. Zudem sollte sie weder zu hungrig noch zu satt sein.

DER PASSENDE ORT Gerade zu Beginn trainieren Sie am besten an einem ruhigen und ungestörten Ort, an dem sich Ihre Katze sicher und wohl fühlt. Da das Trai-ning für Ihre Katze neu ist, sollte sie nicht abgelenkt sein.

MEISTER DES CLICKERTRAININGS Marvin weiß genau, wie der Hase läuft.

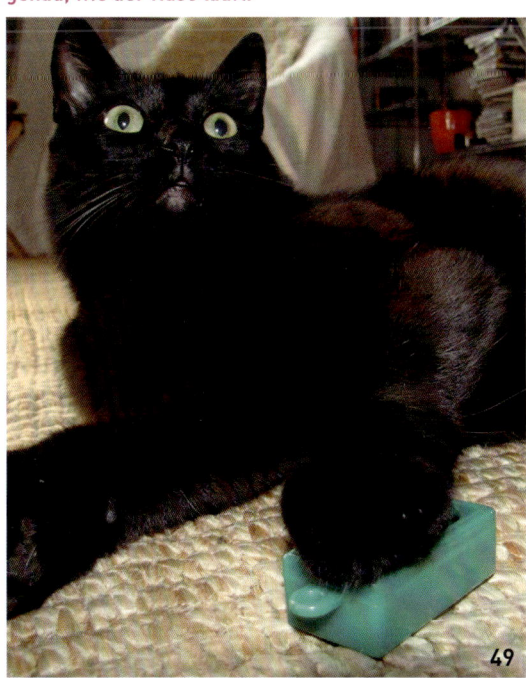

VORBEREITET Dirk sitzt mit Leckerchen in der einen Hand und dem Clicker in der anderen vor Matisse.

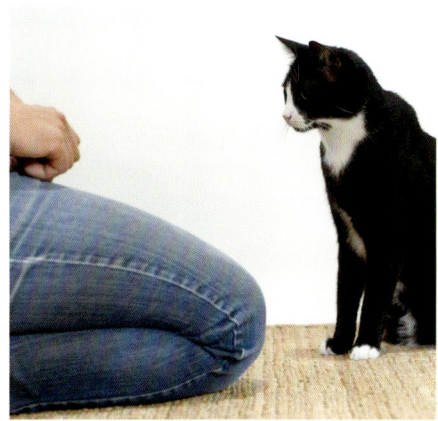

LOS GEHTS Matisse ist auf die Übung konzentriert und wartet geduldig.

AUF AUGENHÖHE Wir beginnen mit dem Training auf dem Boden sitzend, weil wir uns so mit der Katze auf einer Ebene befinden und Nähe herstellen können. Stehende Menschen sind für Katzen wahre Riesen. Gemeinsam am Boden ist die Kommunikation einfacher und gleichberechtigter. Wenn Sie aufgrund körperlicher Beschwerden nicht auf dem Boden trainieren können, nehmen Sie sich einen Stuhl und locken Sie die Katze auf den Tisch; oder Sie setzen sich gemeinsam auf die Couch oder aufs Bett. Mit der Einführung des Targetstabs wird es ohne Weiteres möglich, viele der Übungen bequem im Sitzen durchzuführen.

KONDITIONIERUNG AUF DEN CLICKER

Bereiten Sie Ihre Leckerchen vor und füllen Sie diese in einen gut verschließbaren Behälter oder in einen Leckerchen-Beutel.

ÜBUNG 1: „CLICK UND BELOHNUNG"

1 Setzen Sie sich bequem, möglichst kniend, auf den Boden und sammeln Sie sich einen Moment. Gehen Sie im Geiste die einzelnen Schritte durch. Für einen bequemen Sitz haben sich auch Meditationskissen oder Yogablöcke bewährt. Sie sitzen darauf entspannt und aufrecht.

2 Wenden Sie sich Ihrer Katze mit gelockerten Schultern und Armen zu. Beide Hände ruhen dabei geschlossen in Ihrem Schoß. Rufen Sie Ihre Katze, falls sie noch nicht da ist. Halten Sie den Clicker in der einen, einige Leckerchen in der anderen Hand, sodass sie schnell und flüssig nacheinander belohnen können.

3 Sprechen Sie Ihre Katze mit ihrem Namen an. Dann clicken Sie.

NACH DEM CLICK erhält Matisse sofort sein Leckerchen.

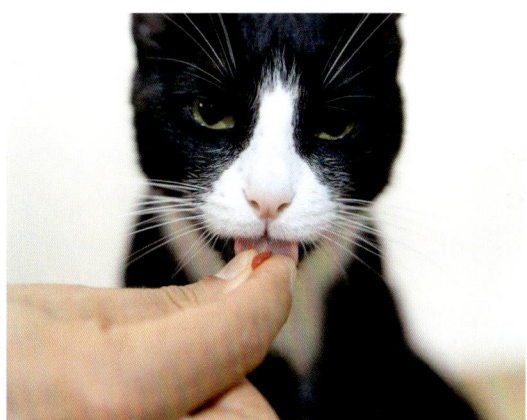

MATISSE frisst vorsichtig das Leckerchen. Loben Sie ausführlich bei allen Übungen.

4 Sofort danach gibt es das Leckerchen direkt ins Mäulchen. Die genaue zeitliche Abfolge ist: Ein Click und danach bieten Sie sofort das Leckerchen an. Beachten Sie, dass der Click nicht zu nah am Katzenohr ertönt. Wenn die Katze zu nah sitzt, halten Sie den Clicker bitte etwas weiter entfernt.

5 Wenn die Katze das Leckerchen nicht gleich nehmen möchte, bieten Sie es weiterhin an und geben ihr Zeit. Lassen Sie sich nicht entmutigen und drängen Sie der Katze das Leckerchen nicht auf. Wenn sie Ihnen trotz des Wartens (etwa eine Minute) noch nicht aus der Hand fressen möchte, legen Sie das Leckerchen auf den Boden vor die Pfoten der Katze.

6 Wiederholen Sie die einfache Konditionierungsübung mehrmals hintereinander. Möglich sind bis zu fünfzehn Wiederholungen.

7 Zum Abschluss jeder Übung loben Sie Ihre Katze und streicheln ihr einmal über den Körper, wenn ihr das angenehm ist. Gerade mäkeligen Katzen ist diese Ansprache oft wichtiger als das Leckerchen. Sture Konzentration ohne Lob und Streicheleinheiten schafft Anspannung – für Sie und Ihre Katze. Durch Lob und körperlichen Kontakt lockern wir die Situation auf. Schließlich soll es allen Spaß machen.

8 Am gleichen Tag oder spätestens am nächsten wiederholen Sie die Konditionierungsübung, bis Ihre Katze die Verbindung zwischen Click und Belohnung verstanden hat. Wenn sie allerdings schon vorher keine Lust mehr verspürt und einfach geht, ist das auch kein Problem. Denn auch sie hat erst angefangen zu lernen, und es ist noch kein Meister vom Himmel gefallen.

Clickertipp

Lächeln Sie, während Sie üben. Sie werden merken, dass Sie automatisch entspannen und sich Ihre Schultern lockern. Katzen sind sehr sensibel und mögen eine harmonische Atmosphäre.

Sagen Sie Ihrer Katze innerlich, wie viel Spaß es Ihnen macht, und lassen Sie sie wissen, wie sehr Sie sie lieben. Abgesehen davon, dass uns solche Worte leider viel zu selten über die Lippen kommen, fegen sie jegliche Anspannung und negativen Gefühle umgehend weg.

DER BLICKRICHTUNGSTEST

Sie wollen wissen, ob Ihre Katze die Übung verstanden hat? Achten Sie auf ihre Blickrichtung beim Clickern. Beobachten Sie, ob die Katze vor dem Click in Richtung des Clickers und nach dem Click direkt zur Hand mit dem Leckerchen schaut. Ist das der Fall, hat sie den Zusammenhang verstanden und Ihre Konditionierung war erfolgreich.

TROUBLESHOOTING: MÖGLICHE PROBLEME

Ich möchte hier auf einige übliche, aber vermeidbare Anfängerfehler hinweisen.

ABSTAND Sie sitzen zu weit weg von der Katze und können das Leckerchen nicht schnell genug geben. Distanz korrigieren.

ZU LANGE PAUSEN ZWISCHEN DEN EINZELNEN CLICKS Die Katze weiß nicht, wann die Übung beginnt und wann sie zu Ende ist oder ob sie an der Reihe ist. In Mehrkatzenhaushalten veranlassen zu lange Pausen zwischen den Clicks die anderen Katzen leicht zum Vordrängeln. Üben Sie zügiger und konzentrierter.

AUFDRÄNGEN Sie versuchen, der Katze das Leckerchen in das Mäulchen zu drücken. Bleiben Sie ruhig und geduldig und geben Sie der Katze Zeit.

VERKRAMPFTE KÖRPERHALTUNG Katzen sind Meister darin, unsere jeweilige Befindlichkeit zu erfassen. Je angespannter Sie sind, desto weniger erfolgreich wird das Training verlaufen. Erst einmal entspannen. Hier helfen die Übungen auf Seite 40 und 41.

ZURÜCKHALTUNG Eine ängstliche Katze wird durch unsere zu vorsichtige Herangehensweise irritiert. Sie fragt sich: „Warum reagiert mein Mensch so zaghaft? Droht Gefahr? Dann gehe ich vorsichtshalber auch lieber in Hab-Acht-Stellung." Trauen Sie sich das Clickertraining zu und agieren Sie flüssig und voller Selbstvertrauen.

WIE REAGIERE ICH RICHTIG?

DIE KATZE DRÄNGELT Wenn sich Ihre Katze auf Ihren Schoß oder auf Ihre Knie drängt, bleiben Sie ruhig und gelassen. Beim Clickern arbeiten wir niemals mit Bestrafung. Es gibt kein empörtes „Nein" und kein Wegschubsen. Unerwünschtes Verhalten wird ignoriert. Warten Sie so lange ab, bis die Katze von Ihnen ablässt. Exakt in dem Moment, wenn sie sich wieder hinsetzt, und kurz bevor ihr Hinterteil wieder den Boden berührt, gibt es den Click und sofort danach ein Leckerchen. Somit belohnen Sie das erwünschte Verhalten. Das macht einen riesigen Unterschied.

KATZE SCHLÄGT DAS LECKERCHEN AUS IHRER HAND Eine andere beliebte, kätzische Variante, um sich das Leckerchen zu holen, ist es, die Pfote zu heben, um dieses wie beim Vogelfang aus der Luft abzuschlagen.

JANA UND TABBY IN BEDRÄNGNIS Esme versucht Tabbys Leckerchen zu stibitzen.

BEIM EINGEWÖHNEN schmeckt Esme ihr Leckerchen auch aus Janas flacher Hand.

SO GEHT ES AUCH Matisse frisst das Leckerchen vom Teller.

Oder aber sie legt die Pfote auf Ihre Hand, um sich selbst zu bedienen. Auch hier fahre ich mit der Übung erst fort, wenn sie ihre Pfote zurückgezogen hat.

KATZE BEISST ODER FÄHRT DIE KRALLEN AUS
Dieselbe Vorgehensweise des Abwartens gilt auch, wenn die Katze das Leckerchen nicht sanft aus der Hand nimmt, sondern stattdessen in den Finger beißt.

Warten Sie den Moment ab, in dem Ihre Katze von Ihrem Finger ablässt bzw. die Krallen wieder eingezogen sind. Erst dann clicken und belohnen Sie.

Es kann auch ratsam sein, einige Male mit einem dünnen, ledernen Garten- oder Arbeitshandschuh zu trainieren, bis sie das Prinzip der Konditionierung und später des Schmeichelns verstanden hat, besonders dann, wenn Ihre Katze sehr schmerzhaft an Ihrem Finger knabbert. Ist Ihre Katze eindeutig zu aufdringlich, wird zunächst eine kurze Pause eingelegt (ca. eine halbe Minute), bis es weitergeht. Kann sie sich selbst danach kaum bremsen, unterbrechen Sie für einige Minuten das Training, bis sie sich wieder beruhigt hat. Bei übereifrigen Leckerchenabnehmern entspannen Sie die Situation, indem Sie die Belohnung nicht zwischen den Fingern halten, sondern diese auf Ihre flache Hand legen. So kann der kleine Grobian Behutsamkeit lernen und die Finger bleiben heil.

KATZE FRISST NICHT AUS DER HAND
Manche Katzen fressen nicht gern aus der Hand, da es ihnen zu viel Nähe abverlangt. Futter so anzunehmen, ist aus der Sicht vieler Katzen etwas sehr Intimes und muss manchmal auch gelernt sein. Umgangssprachlich sagt man auch „mir frisst jemand aus der Hand"; es bedeutet nichts anderes als „mir wird vertraut" und weniger schön „er macht, was ich will". Da hilft nur eins: Das Leckerchen nach dem Click vor die Katzennase auf den Boden oder in ein Schälchen legen. Sobald das funktioniert, legen Sie das Leckerchen vor Ihre flach auf dem Boden liegende Hand. So kann sich die Katze nach und nach an Ihre Hand gewöhnen. Das Leckerchen wandert bei jedem erfolgreichen Trainingsschritt weiter Richtung Mittelfingerkuppe und dann in die Mitte des Handtellers. Sie werden sehen: Mit ein wenig Übung und Geduld verschwindet rasch die anfängliche Scheu.

Clickern im Mehrkatzenhaushalt

Disharmonie im Mehrkatzenhaushalt ist eines der häufigsten Probleme, weshalb ich konsultiert werde. Da den meisten Wohnungskatzen leider eine sie erfüllende Aufgabe und Auslastung fehlt, verwenden einige einen Großteil ihrer Energie darauf, ihren Artgenossen in der Wohnung zuzusetzen.

Durch eine gemeinsame Aktivität, die allen Mitgliedern einer Gruppe gleichermaßen Freude bereitet, werden derartige Mobbing-Problematiken außerordentlich entschärft: Die einzelnen Mitglieder einer zuvor disharmonischen Gruppe gehen toleranter miteinander um. Meine Erfahrung hat mir gezeigt, dass richtig angewendetes Clickertraining zu einem erheblich friedlicheren Zusammenleben beitragen kann; mit unzähligen vermeintlich ausweglosen Fällen.

MEHRERE KATZEN GLEICHZEITIG KONDITIONIEREN Birga konditioniert Tabby auf den Clicker, Esme und Carlos schauen zu.

HARMONIE IM CLICKERLAND

Es gibt keine Vorgaben, mit wie vielen Katzen man gleichzeitig clickern kann. Wir haben bei Kunden mitunter mit bis zu acht Katzen zusammen erfolgreich gearbeitet. Ein gelungenes Training hängt von Ihrem Geschick beim Clickern ab, aber auch von den Persönlichkeiten der Katzen und wie diese untereinander harmonieren.

GEMEINSAMES ARBEITEN MIT VIELEN KATZEN

Ich plädiere aus praktischen Erwägungen und aufgrund meiner positiven Erfahrungen für ein gemeinsames Arbeiten mit allen Katzen im Haushalt von Anfang an. Jeder Katzenhalter weiß, wie ungern Katzen sich aus einem Raum ihres Reviers verbannen lassen, insbesondere wenn sie spüren (und sie wissen es immer), dass dort gleich etwas Interessantes passiert, von dem sie ausgeschlossen werden sollen. Das Ergebnis ist, dass die Katze, die

gerade an der Reihe ist, höchstwahrscheinlich von der ausgesperrten Katze abgelenkt wird – die Ausgesperrte wiederum versteht die Trennung nicht und versucht, sich Zutritt zu verschaffen. Je vertrauter die Katzen mit dem Training werden und je mehr sie das Clickern lieben, umso schlimmer wird es für sie sein, nicht teilnehmen zu dürfen. Jedes Clickgeräusch, selbst nur gedämpft durch die geschlossene Tür hörbar, kann Eifersucht auslösen und stellt Potenzial für Konflikte dar. Dieses wollen wir in Mehrkatzenhaushalten verhindern, in manchen Fällen sogar bereits bestehende Probleme durch das Clickertraining auflösen – es geht bei dem Training ja gerade darum, eine schöne, gemeinsame Beschäftigung zu etablieren.

EINEN CLICKER FÜR ALLE KATZEN

Die Benutzung unterschiedlicher Clicker für einzelne Katzen ist in einem harmonischen Katzenhaushalt weder notwendig noch sinnvoll oder praktikabel. Ich benutze nur einen Clicker, egal mit wie vielen Katzen ich gleichzeitig trainiere. Es ist im Mehrkatzenhaushalt von entscheidender Bedeutung, dass die Katzen lernen zu warten, bis sie an der Reihe sind. Es wäre auch eine Überforderung für viele Halter, mit mehreren Clickern, Leckerchen, Targetstab und später noch mit weiteren Utensilien gleichzeitig zu hantieren.

MEHRERE CLICKER AUS THERAPEUTISCHER SICHT

Die Benutzung mehrerer Clicker ist nur dann sinnvoll, wenn man Katzen aus therapeutischen Gründen, wie bei ernsthaftem Mobbing, getrennt halten muss.

MATISSE wird nach dem Click sofort mit Leckerchen belohnt, während Marvin auf seinen Einsatz wartet.

JANA KONDITIONIERT ESME Carlos, Tabby und Birga schauen interessiert zu.

Da Katzen ein feines Gehör haben, könnte bei der Nutzung nur eines Clickers ganz leicht eine schon existente Eifersucht verstärkt werden, wenn im Nebenzimmer ohne sie geübt wird. Ein Umstand, der eine mögliche geplante Zusammenführung erschweren würde. Daraus ergäbe sich die große Herausforderung für den Halter, sobald er mit allen Katzen gleichzeitig arbeitet, neben den anderen Utensilien auch noch mehrere Clicker in den Händen halten zu müssen.

MIT WELCHER KATZE SOLL ICH BEGINNEN?

Präparieren Sie Ihre Leckerchen und wählen Sie einen Trainingsort, an dem sich alle Katzen gerne aufhalten, wie beispielsweise das Wohnzimmer. Setzen Sie sich entspannt hin und rufen Ihre Katzen zu sich. Es ist kein Problem, wenn nicht gleich alle Katzen angelaufen kommen. In Katzengruppen spricht es sich meist wie ein Lauffeuer herum, wenn es irgendwo etwas Leckeres gibt oder eine tolle Aktivität stattfindet.

Wählen Sie die neugierigste oder aktivste Katze aus, es sei denn, sie drängelt sich grundsätzlich immer vor. Sprechen Sie diese mit Namen an, damit sie weiß, dass sie an der Reihe ist. Drängt sich eine andere Katze vor, wird sie ignoriert. Und nun konditionieren Sie dieses Tier, wie zuvor bei einer Katze beschrieben: Click, Leckerchen und mit voller Aufmerksamkeit loben. Letzteres ist in einem Mehrkatzenhaushalt noch wichtiger als bei einzeln gehaltenen Katzen.

VOLLER ERWARTUNG Marvin und Matisse sitzen auf ihren farblich unterschiedlichen Platzdecken.

DIE RICHTIGE REIHENFOLGE

Eine Reihenfolge lässt sich auch ganz anders festlegen: Eine meiner Kundinnen, mit der ich trainiere, sitzt während unserer Trainingssessions auf einer Wolldecke. Da sie sechs Katzen hat, ist es nicht ganz einfach, mit einer Katze zu clickern, während die anderen warten sollen. Aber ihr gelingt es wunderbar, indem sie die Katze, die die Übung ausführen soll, zu sich auf die Wolldecke ruft. Die anderen sitzen derweil, wie die Orgelpfeifen aufgereiht, um die Decke herum und warten geduldig, bis sie auf der Decke Platz nehmen dürfen. Es gibt viele Varianten: Wir arbeiten mit unseren Katern auch mit Platzdecken. Marvin hat eine gelbe und Matisse eine blaue. Jeder von beiden weiß: „Das ist mein Platz, während ich auf meinen Einsatz warte."

WARTEN ODER MITMACHEN

Wir können beim Clickern sowohl aktives als auch passives Verhalten einüben und bestärken. Aktives Verhalten im Training heißt, dass die Katze gerade eine Übung ausführt. Passives Verhalten bedeutet, dass die Katze gerade Pause hat. So lernt sie von Anfang an, dass es sich auch lohnt, abzuwarten, anstatt sich vorzudrängeln, wenn andere Katzen an der Reihe sind. Trainiert wird es so: Die Katze, mit der Sie gerade üben, erhält ihren Click und ihr Leckerchen, danach wenden Sie sich sofort der wartenden Katze zu und belohnen auch sie mit einem Leckerchen, ohne allerdings zu clicken. Der Moment, in dem das Click-geräusch ertönt, markiert für beide Katzen das jeweilige Verhalten: Die aktive Katze wird für den Übungsschritt belohnt und die passive Katze für das Warten. Dies ist bei zwei Katzen ohne Probleme machbar und gilt für den Beginn des Trainings, bis die passive Katze das Prinzip des Wartens verstanden hat. Danach wird sie immer weniger belohnt. Arbeiten Sie allerdings mit mehr als zwei Katzen, dann clicken und belohnen Sie die Katze, die gerade aktiv an der Reihe ist. Wenn die Wartenden an der Seite dabei geduldig bleiben, bekommen Sie von Ihnen oder einem Helfer hin und wieder ein Leckerchen (anfangs häufiger – mit der Zeit immer weniger), allerdings ohne Click und auf keinen Fall mehr als die praktizierende Katze, damit kein Ungleichgewicht entsteht.

DER FREUNDLICHE SCHNEE-SCHIEBER

Bei ganz hartnäckigen Dränglern werde ich sozusagen „liebevoll handgreiflich", das ist nichts weiter als eine ruhige Bewegung mit dem Arm, die wir den „Freundlichen Schneeschieber" nennen.
Mit Handrücken und angewinkeltem Unterarm schiebe ich diesen Drängler mit ganz sanftem aber stetem Druck freundlich aber bestimmt zur Seite und streichle die Katze währenddessen leicht mit dem Handrücken. Ich gebe ihr damit Hilfestellung und zeige ihr, dass gerade eine andere an der Reihe ist und sie bitte den Platz für uns frei machen möchte und respektieren soll. Wichtig ist, dass sie merkt, dass wir nicht böse mit ihr sind. Sie darf unser Verhalten nicht als Aggression auffassen. Wir dürfen also die Katze weder zur Seite stoßen noch ihr einen groben Schubs geben, gegen den sie sich zur Wehr setzen muss.

ANIMATION Jana fordert Esme zum Mitmachen auf, Carlos schaut aufmerksam zu.

KONZENTRIERT Carlos ist an der Reihe und Esme schaut zu, wie Carlos aus dem Tunnel kommt.

IMMER DER REIHE NACH Esme drängelt sich dazwischen, während Jana mit Tabby arbeitet.

UNGEDULDIG Tabby versucht, sich vor Carlos zu drängeln. Birga blockiert mit ihrem angewinkelten Unterarm den weiteren Aufstieg.

DER „FREUNDLICHE SCHNEESCHIEBER" Carlos versucht, sich vorzudrängeln, und wird sanft zur Seite geschoben.

Die Katze akzeptiert den „Freundlichen Schneeschieber" sehr schnell; es ist eher der Mensch, der mit dieser Armbewegung Probleme hat und sie üben muss, da wir meist zu viel Druck ausüben und die Katze zur Seite stoßen.

SEIEN SIE VERSTÄNDNISVOLL MIT DRÄNGLERN

Es liegt in der Natur der Katze, sich an die erste Stelle zu stellen. Katzen sind Beutegreifer und in der freien Natur überleben nur diejenigen, die eine Jagdgelegenheit optimal nutzen. Verpassten sie ihre Chancen, gingen sie im schlimmsten Fall zugrunde – sie würden verhungern. Dieses Verhalten ist deshalb überlebenswichtig. Nehmen Sie es nicht persönlich,

sollte Ihre Katze in Ihren Augen übergriffig und undiszipliniert reagieren. Je schneller sie lernt, dass dieses Verhalten ihr beim Training nicht den gewünschten Erfolg bringt, umso eher wird sie davon ablassen.

In einem extremen Fall aus meiner Praxis konnte meine Kundin ihren äußerst agilen und ungeduldigen Kater kaum füttern, ohne dass er ihr gierig das Futter aus den Händen schlug. Im Laufe des gemeinsamen Clickertrainings lernte er – und es fiel ihm unglaublich schwer –, seinem Katerkollegen zuzuschauen und abzuwarten, bis er an die Reihe kam.

Für meine Klientin war diese Aufgabe Multitasking für Fortgeschrittene: Sie musste ihn immer wieder sanft zur Seite schieben, die einzelnen Handgriffe koordinieren und dabei gelassen bleiben. Sie stellte sich dieser Aufgabe mit viel Geduld, blieb konsequent und wurde immer entspannter. Mit dem Resultat, dass ihr ehemals wilder Geselle mittlerweile ein leidenschaftlicher Clickerkater ist und jegliche Form von Drängeln, auch bei der Fütterung, der Vergangenheit angehört.

Clickertipp

Bleiben Sie entspannt, unbeeindruckt und konzentriert bei Ihrer Übung, wenn die Katzen Sie bedrängen, und führen Sie ruhige, gleichmäßige Bewegungen durch, dann entspannt sich die Situation ganz schnell.

So geht's weiter: Schmeicheln

Das Schmeicheln ist eine Vorübung für das Targetstabtraining, kann aber auch eigenständig eingesetzt werden und ist für Katze und Mensch leicht zu erlernen.

Mit dieser Technik führen wir die Katze mit einem Leckerchen und sie lernt, zu folgen. Das Schmeicheln ist zudem eine gute Koordinationsübung: Sie üben sich in ruhiger Handhaltung und steter Führung und verbessern gleichzeitig Ihre Körperwahrnehmung.

SCHMEICHELN BEI ZUBEISSENDEN KATZEN

Ist Ihre Katze ein kleiner Beißer, der sich beim Schmeicheln grundsätzlich nicht davon abhalten lässt, herzhaft in Ihre Finger-

kuppen zu beißen? Lernt sie weder durch anfängliches Belohnen aus der flachen Hand noch vom Boden sich zu zügeln, dann nehmen Sie von Anfang an den Targetstab. Ab Seite 71 beschreibe ich, wie es geht. Auch wenn dies gerade für den Anfänger deutlich anspruchsvoller ist, können Sie völlig schmerzfrei und ohne Frust gemeinsam lernen. Allen anderen empfehle ich, nach der Konditionierung zunächst mit dem Schmeicheln weiterzumachen. Erst wenn Sie und Ihre Katze diese Übung fließend beherrschen, sollte der Targetstab als neues Utensil hinzukommen.

SO GEHTS Ganz zärtlich, mit eingezogenen Krallen nimmt Matisse das Leckerchen.

[1] KONTAKT AUFNEHMEN Das Leckerchen befindet sich in der linken Hand auf Höhe der Katzennase.

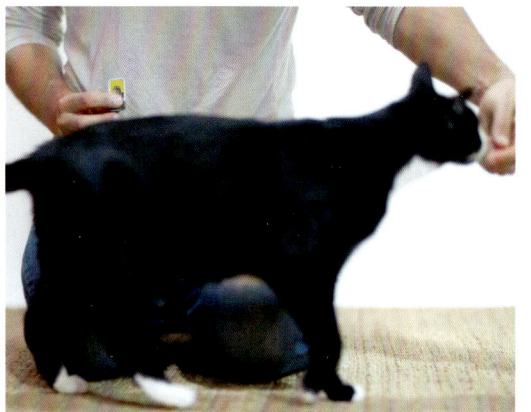

[2] DIE SCHWEBEBAHN Die Hand langsam auf gleicher Höhe führen, immer in dieselbe Richtung.

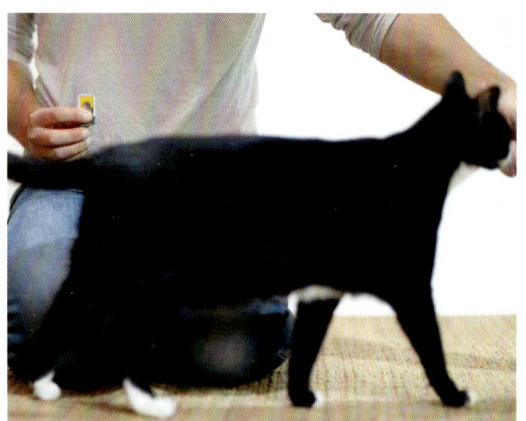

[3] IN BEWEGUNG Die Hand bewegt sich auf imaginärer Schiene vor der Katzennase. Matisse folgt ihr.

ÜBUNG 1:
SCHMEICHELN „VON A NACH B"

Haben Sie Ihre Leckerchen parat und knien Sie sich vor Ihre Katze; das Leckerchen zwischen Daumen und Zeigefinger so festhalten, dass die Katze es Ihnen nicht entreißen kann. Sie darf am Leckerchen riechen, lecken und sogar zart knabbern, bekommt es aber noch nicht.

1 Das Leckerchen befindet sich immer in der Hand, in deren Richtung Sie führen. Wollen Sie Ihre Katze nach rechts führen, liegt auch das Leckerchen in der rechten Hand. Wollen Sie nach links, führen Sie mit links. Somit garantieren wir eine harmonische, flüssige Bewegung und blockieren die Katze nicht mit unserem Arm. Das ist für fortgeschrittene Übungen wichtig, wenn die Katze beispielsweise durch einen Ring springen soll. Achten Sie deshalb von Anfang an auf die Koordination, dann lassen sich auch schwierigere Übungen leicht bewältigen.

2 Beim Schmeicheln halten Sie das Leckerchen etwas entfernt von der Katze auf Höhe der Katzennase, dann haben Sie eine Orientierungshilfe und Ihre Katze einen Fixpunkt, auf den sie sich konzentrieren kann. So können Sie nun führen, das heißt, auf einer imaginären Schiene Ihre Hand ein Stück weit wegzubewegen. Ich nenne das „Die Schwebebahn fährt los". Alles zusammen ergibt eine ganz harmonische Bewegung, die Sie und Ihre Katze gemeinsam ausführen. Ihre Körperhaltung ist sehr wichtig. Achten Sie auf entspannte Handgelenke und Schultern.

3 Anfänglich clicke und belohne ich mehrfach auf einer Teilstrecke, bis die Katze die Übung verstanden hat, und ich nur noch clicke und belohne, wenn ich am Punkt B angekommen bin.

VARIATIONEN KURVEN, VOLTEN UND ACHTEN

Nun erhöhen wir den Schwierigkeitsgrad und gehen nicht nur gerade Strecken, sondern führen die Katze in Kurven und später um uns herum. Wir lassen sie kleine Volten (kleine Kreise) vollführen oder Achten. Das trainiert die Hand-Auge-Koordination und ist gar nicht so einfach. Probieren Sie es.

ÜBUNG 2: „VOLTEN (KLEINE KREISE)" FÜHREN

Auf ganz ähnliche Weise kann ich auch Volten und Achten führen. Bei der Volte führe ich die Katze hier mit der Leckerchenhand gegen den Uhrzeigersinn).

1 Dirk startet, indem er Matisse mit der linken Hand vom Körper weg in einer Kreisbewegung nach links lockt.

2 Matisse folgt dem Leckerchen, das gleichmäßig auf Nasenhöhe geführt wird. Er läuft einen schönen Kreis.

3 Dirk muss dafür sein Handgelenk ab der Hälfte des Kreises so eindrehen, dass er Matisse in einem kompletten Kreis zurückführen kann. Dabei zeigt seine Handfläche zur Katze. Und so geht es zum Ausgangspunkt zurück. Click und Leckerchen.

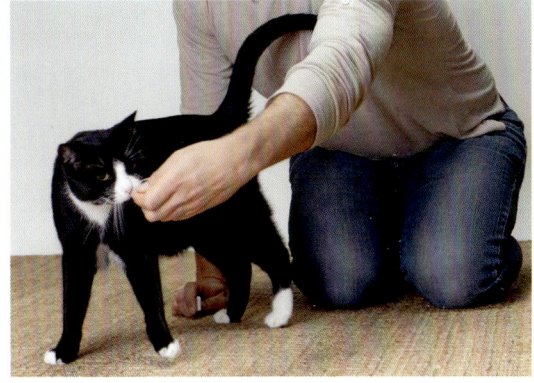

[1] KONTAKT AUFNEHMEN Matisse folgt der Hand in runder Bahn nach links.

[2] HALBE STRECKE GESCHAFFT Die Entfernung zwischen Hand und Katzennase bleibt konstant.

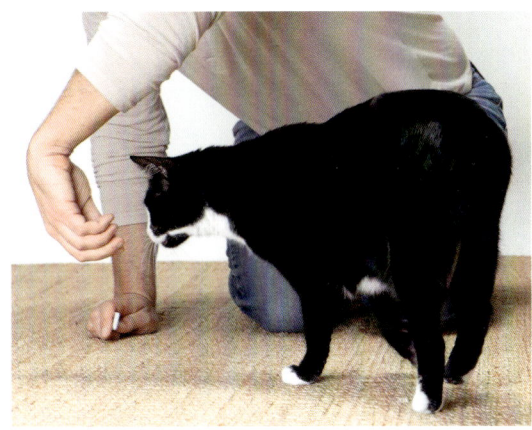

[3] UND WIEDER ZURÜCK Matisse hat mühelos einen vollständigen Kreis absolviert.

Je nach Lust und Laune kann der Kreis größer oder kleiner sein. Vermeiden Sie sprunghafte, abrupte oder abgehackte Bewegungen. Bleiben Sie weich und flexibel im Handgelenk und machen bewusst ganz ausladende, fast schon übertrieben runde Bewegungen, wenn sich die Katze um die Kurve dehnen und biegen soll. Wenn Sie Ihr Handgelenk dabei ein- und ausdrehen, kann die Katze denselben Abstand zu dem Leckerchen beibehalten und wird somit leichter folgen und „bleibt am Ball".

Geben Sie Ihrer Katze genug Zeit. Das heißt, in kurzen Abständen mehrmals clicken und belohnen, falls es ihr schwer fallen sollte, Ihrer Hand zu folgen. Üben Sie am Anfang mit dem Leckerchen in der Hand, bis der Bewegungsablauf sicher etabliert ist. Später lässt es sich dann leichter mit dem Targetstab hantieren.

VARIATION ÜBUNG 2: ACHTEN LAUFEN

Alternativ führen wir die Katze in einer harmonischen Bewegung auf den Kurs einer auf dem Boden liegenden, imaginären Acht, ähnlich einer großen Brezel von Seite zu Seite. Sie werden sehr schnell merken, dass Ihnen dieser Bewegungsablauf leichter fallen wird – man kann ihn kontinuierlich durchführen – wie ein Dirigent, der mit seinem Taktstock runde Schwünge in der Luft vollführt.

ÜBUNG 3: „IM KREIS UM DEN KÖRPER "

Bei dieser anspruchsvolleren Übung fällt besonders das Wechseln von Clicker und Leckerchen hinter dem Rücken nicht jedem auf Anhieb leicht.

1 Am Startpunkt zeigt Dirk Matisse das Leckerchen und der Kater folgt. Achten Sie darauf, Ihre Hand wie bei den Vorübungen ruhig und gleichmäßig auf einer Höhe zu bewegen. Es ist für die Katze sehr schwierig, einer unruhigen Hand zu folgen. Meist bleibt sie dann stehen, um sich neu zu orientieren, oder bricht die Übung ab.

2 Dirk führt Matisse mit seiner rechten Hand ruhig in die Kurve rechts herum um seinen Körper. Matisse folgt der Hand mit dem Leckerchen. Der Clicker bleibt in der anderen Hand. Dirk führt die Hand im leichten Bogen nach hinten. Hier könnte Dirk clicken und auf dieser Teilstrecke ein Leckerchen geben. Da Matisse jedoch schon sehr erfahren ist und ihm die Übung leicht fällt, geht es noch ein kleines Stückchen weiter.

3 Dirk hat beide Hände hinter dem Rücken. Aufpassen! Jetzt ist Koordination gefragt. Leckerchen und Clicker wechseln die Hände: Sie wandern in die jeweils andere Hand.

4 Nach dem Tausch kann Dirk Matisse weiter im Kreis um den Körper herumführen.

5 Da, wo die Übung angefangen hat, ist auch der Endpunkt. Hier wird wieder geclickt und Matisse erhält sein Leckerchen. Zum Schluss gibt es natürlich auch noch ein dickes Lob und Streicheleinheiten: Für Matisse gibt es kaum etwas Schöneres.

[1]

[2]

[1] RICHTIGE RICHTUNG Das Leckerchen befindet sich immer in der Hand, die führt.

[2] KURVE Matisse folgt Dirks rechter Hand, die das Leckerchen hält, in einem schönen Bogen um den Körper.

[3] WECHSEL Jetzt wechseln Clicker und Leckerchen die Hand. Wer will, kann hier clicken und belohnen.

[4] ZURÜCK Nun führt die Hand mit dem Leckerchen den Weg wieder zurück.

[5] ENDPUNKT Clicken, Leckerchen und loben – das ist die richtige Reihenfolge am Schluss. Und natürlich Streicheleinheiten!

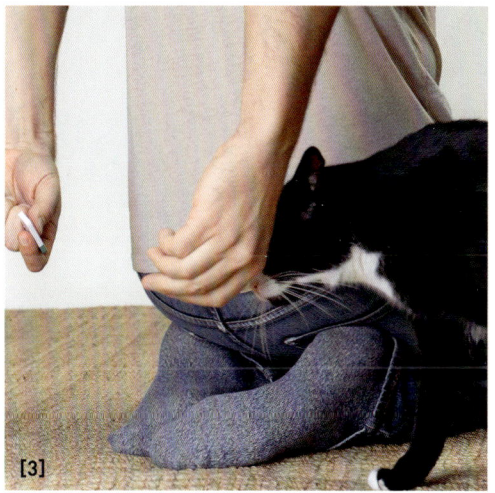

[3]

[4]

[5]

ÜBUNGEN MIT KÖRPERKONTAKT

Einige Übungen sind besonders geeignet, um Katzen an die Nähe ihres Menschen zu gewöhnen. Sie lernen sogar, engen Körperkontakt zuzulassen und ihn als angenehm zu empfinden. Das gilt besonders für Katzen, die schlechte Erfahrungen mit Menschen gemacht haben, sie verlieren so spielerisch ihre Scheu und fassen trotz ihrer oftmals traurigen Vorgeschichte Vertrauen zu uns – und trauen sich dadurch mehr zu. Und das ist etwas, was wir gerne sehen: Wenn aus scheuen Tieren selbstbewusste Katzen werden.

ÜBUNG 4: „UNTER DER BRÜCKE"

Mit dieser schönen Übung lernt die Katze, dass Körperkontakt weder bedrohlich noch unangenehm sein muss, sondern sehr erstrebenswert sein kann. Sie wird da-

durch ermutigt, auch selbstständig Ihre Nähe zu suchen.

1 Hier ist der Clicker in der linken, das Leckerchen in der rechten Hand. Dirk setzt sich auf den Boden, streckt und spreizt seine Beine so, wie es für ihn angenehm ist. Dann überkreuzt er beide Arme, um Matisse mit seiner rechten Hand den Startpunkt (das linke Knie) zu zeigen.

2 Nun zieht Dirk seinen linken Fuß ein wenig zu sich heran, sodass sich sein Knie nach oben bewegt und darunter ein Spalt entsteht, durch den Matisse hindurchlaufen oder -kriechen kann. Dirk nimmt mehrere Leckerchen in die Hand und führt seinen Arm unter der Kniekehle hindurch. Er lässt Matisse in altbekannter „Schmeichel-Manier" Kontakt aufnehmen, also am Lecker-

[1] AUSGANGSPOSITION Beine grätschen, leicht anwinkeln. Matisse ist bereit.

[2] KLEINER TUNNEL Matisse kriecht unter dem angewinkelten Bein hindurch.

chen riechen oder lecken. Langsam und gleichmäßig führt er nun den Kater unter dem Knie hindurch

3 Matisse krabbelt hindurch. Sobald er mit allen vier Pfoten in der Mitte angekommen ist, wird geclickt und sofort danach belohnt.

4 Dann geht es unter dem rechten Bein weiter zur rechten Seite: Matisse duckt sich erneut und folgt dem Leckerchen. Üben Sie diese Übung ausführlich in beide Richtungen.

WAS TUN, WENN MEINE KATZE SICH NICHT TRAUT?

Reagiert die Katze noch etwas zögerlich und wartet ab, gehe ich in kleineren Etappen vor. Hier hat es sich bewährt, alle paar Zentimeter zu clicken und zu belohnen. Halten Sie genügend Lecker-

Ein guter Tipp

Will sie sich durchs Schmeicheln nicht motivieren lassen, dann legen Sie die Leckerchen wie auf einer Perlenschnur aufgereiht alle paar Zentimeter hintereinander unter Ihre Knie auf den Boden. Bedient sich Ihre Katze, beobachten Sie dies aufmerksam und clicken jeweils unmittelbar, bevor sie das nächste Leckerchen aufnimmt.

chen in Ihrer Hand, um Ihre Katze konzentriert und ohne Pause führen zu können. Sie sollten sich vergegenwärtigen, dass sich manch eine Katze unter dem Knie verletzlich fühlt. Ein „böser Geselle" könnte sie in dieser Situation ohne Mühe gegen ihren Willen fixieren, sie „in den Schwitzkasten nehmen". Selbstverständlich

[3] HALBZEIT In der Mitte angekommen, bekommt er sein Leckerchen.

[4] ENDSPURT Matisse durchläuft nun auch den zweiten Beintunnel.

haben wir das nicht vor. Die Katze soll daher durch einige erfolgreiche Wiederholungen selbst erfahren, dass ihr dort keine Gefahr droht, sondern eine Belohnung auf sie wartet. Während das eine verabreichte Leckerchen noch erfreut verspeist wird, wartet in Ihrer Hand ein Stückchen weiter schon das nächste und Sie führen sie mit vielen Clicks in enger zeitlicher Abfolge weiter in die gewünschte Richtung. So helfen Sie Ihrer Katze, sich zu überwinden, und stärken ihr Selbstbewusstsein. Und bald wird sie auch vor engem Körperkontakt nicht mehr zurückschrecken.

UNGEDULD TUT SELTEN GUT

Katzen sind viel geduldiger als Menschen. Als Ansitzjäger harren sie stundenlang vor einem Mauseloch aus, bis sich ihnen endlich der richtige Moment bietet, um zuzuschlagen. Wir wollen dagegen schnelle Erfolge und das ist beim Clickertraining einer der großen Stolpersteine. Ungeduldig wird der Katze das Leckerchen und später der Targetstab vor die Nase gehalten und kurz abgewartet. Wenn die Katze dann nicht „spurt", heißt es, sie habe nichts verstanden oder wolle einfach nicht mitmachen. Ein Trugschluss: Katzen brauchen häufig eine gewisse Zeit, um sich zu fokussieren. Und um herauszufinden, ob sie auch ohne Anstrengung ans Ziel gelangen können. Vielleicht sogar, indem sie subtil auf ihren Menschen einwirken und ihn animieren, ihnen ein wenig entgegenzukommen. Setzen wir uns unter Druck oder üben wir gar Druck auf die Katze aus, um ein bestimmtes Verhalten zu forcieren, passiert in der Regel rein gar nichts. Hier heißt es für Sie ebenso geduldig zu sein wie Ihre Katze. Sie werden sehen: Diese Geduld lohnt sich.

JAGDSPIELE SIND DAS GRÖSSTE Schon junge Birmakätzchen üben sich im Ansitzen.

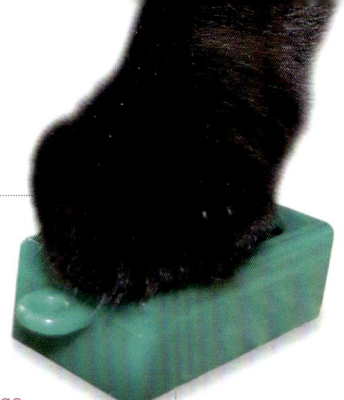

Info

AM ENDE DES TRAININGS WARTET DER EXTRAHAPPEN

Ein Sprichwort sagt, dass man aufhören soll, wenn die Party am schönsten sei. Das gilt auch für die ersten Clickerübungen. Sie sollten Ihre Katze nie überstrapazieren. Hören Sie lieber etwas früher auf, noch bevor sie die Lust verliert. Und zum krönenden Abschluss sollten Sie sie mit einem katzengerechten „Absacker" belohnen. Meine Katzen Marvin und Matisse dürfen sich nach dem Training die übrig gebliebenen Leckerchen, in der Regel sind es kleinste Fleischhäppchen, aus der Tasse fischen. Und natürlich sorge ich dafür, dass immer genügend übrig bleibt. Je nach Geschmack und Vorliebe bleibt im „Jackpot" das zurück, was Ihre Katze am liebsten mag. Und dann gibt es den großen Fummelspaß zum Schluss. Ihre Katzen sollen wissen, dass eine Extrabelohnung nach dem Training auf sie wartet.

Der Jackpot zum Schluss hat folgende Funktionen: Die Katze weiß, dass das Training beendet ist, wenn sie fummeln darf, und das Clickertraining bleibt durch den krönenden Abschluss in guter Erinnerung. Das Letztere ist die Voraussetzung dafür, dass die Katze beim nächsten Mal wieder begeistert mitmacht.

ESME überprüft erst einmal den Inhalt der Tasse...

...und angelt sich geschickt mit ihrer Vorderpfote...

...die Leckerchen direkt ins Mäulchen.

DER EXTRAJACKPOT NACH BE-SONDERS SCHWIERIGEN ÜBUNGEN

Fällt einer Katze eine Übung sehr schwer oder gelingt ihr diese nach mehreren Versuchen, seien Sie besonders großzügig und belohnen Sie sie mit einem speziellen Leckerchen, das ganz oben auf der Ranking-Liste thront – mit einem Extrajackpot. Halten Sie also ein ganz spezielles Leckerchen für solche Gelegenheiten in der Hinterhand. Die Katze soll auch schmecken, wie zufrieden wir mit ihrer Leistung sind. Wir belohnen also ganz gezielt dafür, dass sie etwas Neues wagt. Gerade diese Erfolgserlebnisse, bei denen die Katze ihren Mut zusammennimmt und über sich hinauswächst, bewirken ein ausgeprägtes Selbstvertrauen. Hier sehen Sie Esme und Carlos beim Rauspföteln ihres Jackpots.

TROUBLESHOOTING: MÖGLICHE PROBLEME

BEI UNGLEICHMÄSSIGER FÜHRUNG

Verspannung im Schulterbereich und in den Handgelenken lockern. Führen Sie immer in eine Richtung. Wenn die Katze stoppt, warten Sie – kommen ihr aber nicht oder nur minimal entgegen. Sonst wird sie ein Spielchen mit Ihnen spielen.

FALSCHE HAND

Das Leckerchen befindet sich immer in der Hand, die führt. Handkoordination noch einmal üben.

LECKERCHEN WIRD IHNEN AUS DER HAND GERISSEN

Vergrößern Sie den Abstand zwischen Führhand und Katze. Führen Sie zügiger.

Führen mit dem Targetstab

Eine zentrale Rolle spielt im Clickertraining der Targetstab. Das Wort Target stammt aus dem Englischen und heißt Ziel oder Zielscheibe. Er wird von unterschiedlichen Autoren auch Target oder Targetstick genannt, wobei die Begriffe bedeutungsgleich sind.

Der Targetstab ist, wie das Wort schon sagt, ein Stab mit einem weichen Ball am Ende und dient als eine Art verlängerter Zeigefinger. Mit ihm habe ich die Möglichkeit, der Katze zu zeigen, wohin ich sie führen möchte, ich gebe ihr also eine Orientierungshilfe. Haben Katze und Mensch den Umgang mit dem Targetstab als ein Hilfsmittel zur Verständigung begriffen, eröffnen sich viele neue Übungsmöglichkeiten für das Training.

EINEN EIGENEN TARGETSTAB HERSTELLEN

Sie können sich einen Targetstab selbst basteln, beispielsweise aus einem Teleskopkugelschreiber oder einer alten Auto- oder Radioantenne. Am Ende des Stabes wird ein weiches Bällchen ungefähr in Tischtennisballgröße befestigt. Sie bekommen es in jedem Bastelladen. Alternativ lassen sich auch dünne

KONZENTRIERT Matisse folgt dem Targetstab durch den Katzentunnel.

Clickertipp

Es gibt mittlerweile auch Targetstäbe mit eingebautem Clicker. Das Auslösen des Clickers kann jedoch häufig dazu führen, dass Sie den Target leicht bewegen oder gar verreißen, sodass die Katze, wenn sie mit der Nase den Ball berührt, einen kleinen Nasenstüber bekommt. In der Katzensprache wäre das mehr als kontraproduktiv, da das Muttertier ihren Katzenwelpen schon mal einen Nasenstüber verpasst, wenn die Kleinen etwas machen, was ihr nicht passt. Nasenstüber haben in der Mensch-Katze-Kommunikation nichts zu suchen und sind ausschließlich Katzen vorbehalten. Das Ziel des Clickertrainings hätten wir mit so einem Missgeschick verfehlt.

Bambusstöcke, mit denen man normalerweise Pflanzen befestigt, verwenden. Hauptsache ist, Sie kommen mit dem selbst gebastelten Targetstab gut zurecht. Je mehr Sie den Targetstab jedoch in der Länge variieren können, desto besser. Die marktübliche Länge eines Teleskopkugelschreibers hat sich gut bewährt.

KATZEN AN DEN TARGETSTAB GEWÖHNEN

Beim Targetstabtraining mache ich es mir zunutze, dass Katzen neue Gegenstände beschnuppern. Unbekannte Dinge, die ich der Katze hinhalte, inspiziert sie zuerst mit ihrer Nase. Egal ob es sich um mein Telefon, ein neues Spielzeug oder eben das Bällchen am Ende meines Targetstab handelt – probieren Sie es aus. Das Beschnuppern entspricht in etwa dem menschlichen Bedürfnis, Dinge in die Hand zu nehmen und sie zu untersuchen.

ÜBUNG 1: NASENKONTAKT BELOHNEN

1 Der Clicker ist in der einen, das Leckerchen in der anderen Hand. Ich halte der Katze den Targetstab vor die Nase. Sobald sie das Bällchen am unteren Ende berührt, gibt es einen Click und gleich darauf die Belohnung. Bei sehr schüchternen Katzen kann ich auch den Targetstab mit etwas Wohlriechendem, wie beispielsweise einer Malzpaste oder etwas Katzenminze, einreiben, um die Hemmung zu überwinden.

2 Wenn die Katze verstanden hat, dass es sich lohnt, mit der Nase das Bällchen zu berühren, dann führe ich den Targetstab wie beim Schmeicheln auf der Höhe der Katzennase etwa einen Zentimeter von ihr weg. Sobald die Katze ihren Kopf reckt, um mit der Nase das Bällchen zu berühren, clicke ich just in dem Moment, wo die Nase Kontakt zu dem Bällchen hat.

3 Hat die Katze das Leckerchen geschluckt, halte ich ihr das Bällchen
erneut vor die Nase, jetzt jedoch ungefähr zwei Zentimeter weiter weg –
die Katze muss sich nun etwas mehr
nach vorne recken, um das Bällchen
zu erreichen, und ich clicke beim
Nasenkontakt. Das wiederhole ich
mehrere Male und lobe enthusiastisch.
Sie werden sehen: Die Katze lernt
sehr schnell. Die Reaktionszeit, bis
sie das Bällchen berührt, wird von
Mal zu Mal kürzer.

4 Nun vergrößere ich die Distanz zen-
timeterweise, bis die Katze gelernt
hat, dem Bällchen zu folgen.

ÜBUNG 2:
PARTNERÜBUNG TARGETSTAB

Um die sichere Handhabung des Targetstabs zu üben, empfehle ich die Partner-
übung im Vierfüßlerstand (Bankposition).
Schlüpfen Sie in die Rolle der Katze und
begeben Sie sich auf alle Viere. Ihr Partner wird nun „die Katze" mit dem Targetstab durch den Raum führen. Geben
Sie ihm sofort Feedback und tauschen Sie
nach einer Weile die Rollen. Im Kurs sind

DIE NASE AM BALL Zu Beginn wird jeder Kontakt mit
dem Target geclickt und belohnt.

dies oft sehr lustige und verbindende
Momente, aber auch eine wichtige Erfahrung. Die menschliche Katze merkt
schnell, wie irritierend es ist, wenn der
Targetstab ungleichmäßig und zapplig
geführt wird, sodass er vor ihrer Nase
hin und her wackelt. Insbesondere bei
Richtungswechseln erfahren Sie am eigenen Leib, wie unpräzise unsere Hilfen
aus Sicht der Katze sein müssen. Unangenehm bis nervtötend kann es auch sein,
wenn sich der Targetstab permanent zu
langsam oder gar nicht bewegt. Wenn Sie
Ihre Aufgabe erfüllen und mit Ihrer Nase
das Bällchen am Target mehrfach berühren, ohne belohnt zu werden, können Sie
die Ungeduld einiger Katzen sicherlich
nachvollziehen. Ich bin immer wieder be-
eindruckt, wie kooperativ und tolerant
die meisten Katzen dennoch mitmachen
und trotz unserer „holprigen Ausdrucks-
weise" unsere Intention verstehen.

Info

**ANSPRÜCHE AN DEN
„PERFEKTEN TARGETSTAB"**

- weicher Ball

- nicht größer als ein Tischtennisball,
  aber auch nicht zu klein

- möglichst ausziehbar

ENTSPANNT UNTERWEGS Marvin hat das Targetstab-training verinnerlicht und folgt dem Stab.

ÜBUNG 3: MIT DEM TARGETSTAB „VON A NACH B"

Dadurch, dass sich der Targetstab aus-ziehen lässt (oder der Bambusstab eine gewisse Länge hat), kann ich ganz ent-spannt, und ohne auf dem Boden knien zu müssen, mit dem Training beginnen. Aber zunächst: Zum Targetstab lege ich mir Clicker und Leckerchen zurecht.

1 Ganz ähnlich wie beim Schmeicheln mit der Hand führen wir nun die Kat-ze mit dem Target eine gerade Strecke von A nach B. Zuerst folgen Click und Leckerchen in kurzen Abständen, dann vergrößern wir sie, bis die Katze längere Strecken ohne Leckerchen läuft. Arbeiten Sie bitte auch hier mit besonders viel Lob, fassen Sie Ihre Begeisterung in Worte.

2 Achten Sie darauf, dass Ihre Führung gleichmäßig verläuft – wir also keine großen Sprünge machen. Geben Sie der Katze die Chance, mit ihrer Nase immer wieder einmal den Ball zu berühren und sich somit eine Belohnung abzuho-len. Zu Beginn sollte mindestens jeder zweite Versuch der Katze, das Bällchen zu berühren, erfolgreich sein, dann bleibt sie sprichwörtlich am Ball. Hat die Katze das Gefühl, sie kann mit ihrem Verhalten bewirken, dass ihr die „Täubchen ins Maul fliegen", wird sie hoch motiviert sein.
Sind Sie als Halter zu ehrgeizig und wollen Ihre Katze gleich durch die gesamte Wohnung führen, riskieren Sie ein frustriertes Tier. Sorgen Sie mit Ihrem Trainingsaufbau für Erfolgs-erlebnisse und gemeinsamen Spaß.

TEST: AUF UNGEWOHNTEN WEGEN

Wenn Sie testen möchten, ob es Ihrer Katze mittlerweile leicht fällt, dem Target zu folgen, oder ob sie sich clevererweise ihren Weg eingeprägt, sprich auswendig gelernt hat, machen Sie Folgendes: Flechten Sie einige unerwartete Wendungen und Extrarunden oder Volten in die Übung ein – aber verändern Sie den gewohnten Kurs anfangs nur geringfügig. Wenn sie dem Targetstab folgt, wissen Sie, dass das Führen mit dem Target schon „sitzt", und Sie können den Schwierigkeitsgrad erhöhen. Wenn nicht, wiederholen Sie die ersten Schritte mit viel Lob und Leckerchen. Schließlich ist das „Katzen-Mensch-Esperanto" nicht von heute auf morgen zu erlernen.

ÜBUNG 4: „KATZENSLALOM"

Biegungsübungen, bei denen sich der gesamte Katzenkörper immer wieder dehnen und strecken muss, sind auch für ältere sowie unsportliche Katzen besonders geeignet. Die Anforderungen an Konzentration und Gedächtnis, die diese Übung an Katzen stellt, ist auch wunderbar, um wilde Rowdys beim Gehirnjogging müde zu kriegen. Katze und Mensch lieben es, gemeinsam eine anspruchsvolle Übung zu meistern. Dafür ist das „Slalomlaufen" besonders geeignet, eine weitere schöne Variation der Grundübung „Von A nach B". Hier wollen wir die Katze um kleine Kegel (Pylone) führen, die man im Spielzeughandel kaufen kann. Plastikwasserflaschen mit Sand gefüllt, damit sie nicht umfallen, erfüllen natürlich denselben Zweck, sie sind jederzeit verfügbar und kostenlos.

Hier wird die Übung beschrieben, auf der nächsten Seite folgen die Fotos zur besseren Veranschaulichung.

1 UNSERE AUSGANGSPOSITION:

Matisse wird mit dem Targetstab zum Startpunkt geführt. Er soll dem Targetstab um die Kegel herum folgen. Der Target ist so weit ausgezogen, dass ich damit bequem die Strecke anzeigen kann.

2 DIE KENNENLERNPHASE: JETZT GEHT ES LOS

Da der Parcours noch neu ist, clicke ich nach jedem absolvierten Kegel (also nach jeder Biegung). Das bedeutet: Matisse umrundet den ersten Kegel – click und belohnen, dann den nächsten – click und belohnen –, bis dies reibungslos funktioniert und Matisse alle Kegel umlaufen hat. Dann geht es auf die gleiche Weise wieder zurück.

3 VERTIEFUNGSPHASE: DEN SCHWIERIGKEITSGRAD BEIM „KATZENSLALOM" ERHÖHEN

Jetzt soll Matisse zwei oder mehrere Kegel umlaufen, bevor er den Click erhält. Dabei bleibt die Führung des Targetstabs immer ruhig und gleichmäßig. Und so werden es langsam immer mehr Kegel. Schließlich durchläuft er den gesamten Slalomparcours flüssig und fehlerfrei, ohne dass geclickt und belohnt werden muss. Am Ende jeden Parcours führe ich Matisse die Strecke zum Ausgangspunkt zurück. Damit ist das Ziel erreicht und er wird ausgiebig für seine Leistung belohnt und gelobt. Verdient hat er es sich.

[1]

[2]

[3]

[1] KATZENSLALOM Hier führt es sich viel leichter mit einem ausgezogenen Target.

[2] VARIANTE I Zum Kennenlernen des Parcours wird nach jedem umrundeten Kegel geklickt und belohnt.

[3] VARIANTE II Matisse umläuft jetzt zwei Kegel, bevor der Click ertönt und gleich darauf die Belohnung folgt.

[4] VARIANTE III Ohne einen einzigen Click wird der komplette Parcours absolviert.

[5] VARIANTE IV Für echte Profis. Hin und zurück an einem Stück, und am Ende wartet eine besondere Überraschung.

[4]

[5]

SCHMEICHELN ODER TARGETSTAB?

Wann man mit dem Targetstabtraining anfangen sollte, wird selbst unter Trainern ganz unterschiedlich eingeschätzt. Ebenso die Frage, ob es sinnvoll ist, auch hier als Hilfsmittel ein Leckerchen einzusetzen.

SCHMEICHELN ODER TARGETSTAB?

Untersuchungen haben gezeigt, dass es der Katze leichter fällt, einen Lernschritt zu verinnerlichen, wenn sie sich diesen selbstständig erarbeitet hat. Das Leckerchen vor der Nase kann die Konzentration stören und die Katze von der Übung etwas ablenken. Jedoch haben wir in all den Jahren nicht die Erfahrung gemacht, dass das Schmeicheln den Lernprozess signifikant stört oder behindert. Ich favorisiere das Schmeicheln als Vorstufe zum Targetstabtraining, da ich in meinen Kursen immer wieder erlebe, wie schwer meinen Kunden das Targetstabtraining fällt, wenn ich es gleich nach der Konditionierung einführe. Für Clickeranfänger hat das Schmeicheln so viele Vorteile, dass es den geringen Nachteil, dass das vollständige Erlernen einer Übung geringfügig länger dauert, bei Weitem wettmacht. Die dreistufige Trainingsabfolge Konditionierung – Schmeicheln – Targetstabtraining hilft vielen Anfängern beim Erlernen der schwierigen Koordination der verschiedenen Hilfsmittel. Denn beim Schmeicheln können Sie sich zunächst vollkommen auf die sehr wichtige ruhige Handführung konzentrieren, ohne neben dem Clicker und den Leckerchen auch noch den Targetstab in der Hand halten zu müssen.

WIE VIEL TRAINING DARF ES SEIN?

Jede Katze benötigt einen individuellen Trainingsplan. Am Anfang sind kurze, komprimierte Einheiten zu empfehlen. Ist die Katze danach müde und will schlafen, ist die Zeitspanne perfekt gewählt. Schleicht sie allerdings nach einer Pause noch neugierig herum, gibt es einen Nachschlag. Gezeigt hat sich, dass am Anfang fünf bis fünfzehn Minuten Training täglich völlig ausreichend sind.

TROUBLESHOOTING: MÖGLICHE PROBLEME

DIE UNRUHIGE HAND Für Katzen ist es sehr unangenehm und irritierend, wenn der Stab immer wieder vor ihrer Nase hin und her tanzt, es fordert sie geradezu heraus, danach zu schlagen. Üben Sie noch einmal die ruhige Hand durch Schmeicheln. Wenn Sie beim Schmeicheln gleichmäßig führen, gelingt es auch mit dem Targetstab.

DIE FALSCHE HÖHE Nicht ganz einfach ist es, den Target immer in der Höhe der Katzennase zu führen. Gehen Sie einen Schritt zurück, üben Sie noch einmal „Die Schwebebahn"– dann klappt es auch beim Targetstab.

VERPASSTES CLICKERN Oft konzentrieren sich Clickernovizen darauf, den Target richtig zu führen, und vergessen dabei das Clickern. Üben Sie noch einmal mit Ihrem menschlichen Partner die Koordination Nasenkontakt-Click-Leckerchen.

Die vier goldenen Grundregeln

▨ **WÜRDIGEN SIE ERFOLGE IMMER UND SCHIMPFEN SIE NIE** Clickertraining ist ausschließlich positiv und nicht vereinbar mit Schimpfen, Schreien oder anderen Formen physischer oder psychischer Bestrafung. Unerwünschtes Verhalten der Katze wird von Ihnen ignoriert, als wäre es nicht geschehen. Erwünschtes Verhalten wird hingegen bestätigt und belohnt.

▨ **ARBEITEN SIE REGELMÄSSIG UND SYSTEMATISCH IN KURZEN ZEITEINHEITEN** Regelmäßiges Training mit einem langsam erweiterten Übungsumfang und in möglichst kurzen Zeitabständen führt zum Erfolg. Vermeiden Sie ein unüberlegtes Hin- und Herspringen zwischen den Übungen.

▨ **SEIEN SIE ENTSPANNT UND KONZENTRIERT, WENN SIE MIT IHRER KATZE CLICKERN** Da sich Ihre Stimmung auf Ihr Tier überträgt, sollten Sie für eine ruhige und angenehme Atmosphäre sorgen.

▨ **DRÜCKEN SIE IM RICHTIGEN MOMENT AUF DEN CLICKER** Das richtige Timing ist entscheidend, damit Ihre Katze Bewegung und Belohnung verknüpfen kann.

MITEINANDER Birga und Filou sitzen sich entspannt und interessiert gegenüber.

MEINE KATZE
MACHT NICHT MIT

Eine Katze, die nicht motiviert ist mitzu-
machen, bringt so manchen Besitzer zum
Kapitulieren. Aber das muss nicht sein.
Fragen Sie sich stattdessen, ob Sie alle
Voraussetzungen für ein Gelingen des
Trainings erfüllt haben:

DIE RICHTIGE BELOHNUNG WÄHLEN
Mag meine Katze die gewählte Beloh-
nung wirklich oder gibt es noch andere
Alternativen, die ihr mehr zusagen
würden? Führen Sie die Leckerchen-
Ranking-Übung von Seite 34 durch.

TRAININGSZEITPUNKT MIT DER NORMALEN KATZENROUTINE
ABGLEICHEN Katzen lieben einen ver-
lässlichen Tagesablauf. Hat meine Katze
keine Lust zu clickern, weil dies beispielsweise ihre übliche Zeit ist, in der sie ihre
Runde draußen im Revier drehen würde?
Die biblische Erkenntnis, für alles gibt es
eine Zeit, trifft exakt auf Katzen zu.

DEN CLICKERORT ÜBERPRÜFEN
Vielleicht sind Wohnzimmer oder Küche,
wo sehr viele Aktivitäten stattfinden,
nicht die geeigneten Orte. Eine laute Umgebung oder zu viel Ablenkung stören
oftmals das Training.

GEHT ES IHRER KATZE GUT? Wie Ihre
Katze auf Trainingseinheiten reagiert,
ist auch tagesformabhängig. Beobachten
Sie, in welchem körperlichen und mentalen Zustand sich Ihre Katze befindet,
gehen Sie darauf ein und achten Sie auf
Ihren Gefährten.

KEINE ZEIT ZUM CLICKERN Carlos ist gerade mit aus-
giebiger Fellpflege beschäftigt.

ICH BIN ZU ANGESPANNT, EHRGEIZIG
ODER UNKONZENTRIERT Katzen
sind sehr feinfühlig und reagieren direkt
auf unsere Stimmungen – sie spiegeln
sie wieder.

UNKLARE SIGNALE Eindeutige Signale
sind die Grundlage für eine funktio-
nierende Kommunikation beim Clickertraining. Vermeintliches Desinteresse
der Katze ist meist eher auf eine unge-
naue Anleitung des Menschen zurückzuführen. Wichtig: Je eindeutiger meine
Hilfestellung ausfällt, umso größer ist die
Wahrscheinlichkeit, dass wir schnell zu
ermutigenden Erfolgserlebnissen kommen. Gerade beim therapeutischen Einsatz des Clickertrainings bedeutet dies
deutlich schnellere Ergebnisse.

Also: Im Namen aller Clickerkatzen:
„Mensch, bitte sprich deutlich! Drücke
dich klar aus! Wie soll ich sonst wissen,
was du meinst?"

Marvin testet unsere Clickernovizen

Besonders für Anfänger ist eine Katze, die gerade beschlossen hat zu testen, ob es nicht auch einfachere Wege gibt, um an die begehrte Belohnung zu gelangen, oftmals eine große Herausforderung. Und die wenigsten Anfänger werden merken, wie Ihre Katze gerade versucht, Sie um die Pfote zu wickeln. Zu den kätzischen Testtechniken gehört auch plakatives Desinteresse.

Mein Kater Marvin demonstriert das in unseren Kursen immer wieder. Er schaut dann scheinbar desinteressiert in die Luft, hält die Augen geschlossen oder fokussiert eine imaginäre Fliege an der Zimmerdecke. Seine Botschaft ist eindeutig: „Für meine Aufmerksamkeit musst du mir mit dem Leckerchen schon hinterherkommen." Oder er wartet einfach ab, bis die Beute in seiner Nähe ist, um dann blitzschnell zuzuschnappen.

Manchmal wirft Marvin sich den Kursteilnehmern auch zu Füßen, reckt und streckt sich ausgiebig. Ich nenne diese Pose „Die hungrige Robbe", denn was er damit demonstriert, scheint eindeutig: „Ich sehe so süß aus, bin so hungrig und brauche unbedingt dieses Leckerchen. Jetzt mal her damit!" Besonders gerne zeigt er dieses Verhalten, wenn wir gerade nicht hinschauen oder nicht im Raum sind. Meistens funktioniert das auch. Unsere Kursteilnehmer können ihm selten widerstehen. Allerdings dürfen wir auf derartige Verführungsversuche nicht eingehen, so schwer es uns auch fallen mag. „Bastet Rules", also die Herrschaft kleiner Katzengötter, würde Marvin sicher gefallen, beim Clickertraining setzen wir jedoch auf Kooperation.

Richtig ist folgende Verhaltensweise: Ich halte der Katze, die sich auf dem Boden räkelt oder sich von mir abgewandt hat, ein paar Leckerchen vor die Nase oder platziere sie einige Zentimeter von ihr entfernt auf dem Boden. In diesem Fall sorge ich dafür, dass sie das Leckerchen nicht mit der Pfote erreicht. Und nun warte ich geduldig ab. Sobald die Katze sich in Bewegung setzt, ist das genau der Moment, in dem wir clicken und sie großzügig belohnen – gerne auch mal mit der doppelten Menge Leckerchen, wenn wir merken, dass es ihr schwergefallen ist, sich aufzuraffen.

Capturing und Shaping beim Clickertraining

Sie und Ihre Katze sind inzwischen mit dem Clicker als Marker sowie mit dem Schmeicheln und dem Targetstab vertraut. Jetzt darf es schon etwas schwieriger werden. Hier stelle ich Ihnen zwei unterschiedliche Techniken vor, die Wege beschreiben, mit denen unsere Katzen ihre Fertigkeiten erlernen.

CAPTURING: EIN VERHALTEN „EINFANGEN"

Capturing kommt von dem englischen Verb „to capture" und bedeutet übersetzt „einfangen". Mit dem Capturing können wir Bewegungen und Handlungen clickern, die die Katze in ihrem natürlichen Verhalten von sich aus anbietet. Wir können so artgemäßes Verhalten bestärken und fördern. Dazu bieten sich Verhaltensweisen an wie beispielsweise Setzen, Legen, Rollen, Hochspringen, am Kratzbaum kratzen oder Köpfchen geben.

ABWARTEN UND EINFANGEN

Der Halter ist nun der passive Beobachter und wartet, bis die Katze das gewünschte Verhalten zeigt oder die gewünschte Bewegung ausführt. Dann clickt und belohnt er. Im Clickerkontext bedeutet dies, ein von der Katze freiwillig gezeigtes Verhalten in dem Augenblick, wo es auftritt, mit einem Marker, wie dem Clicker, einzufangen, sprich festzuhalten.

Dadurch, dass wir nun zum ersten Mal ihr natürlich gezeigtes Verhalten belohnen, beginnen wir mit einem Austausch, oder anders gesagt, mit der ersten Übung. Die Interaktion zwischen Mensch und Katze wird belohnt: mit einem Leckerchen. Das ist tatsächlich ein bedeutsamer Punkt: Hier beginnt die Verständigung mit dem Clicker-Esperanto.

CAT IN THE BAG Luis springt gern in jede Tasche, ein Click im richtigen Moment lässt Spaß zu Übung werden.

SONNENUNTERGANG Den richtigen Moment erleben und einfangen.

Zur Verdeutlichung hilft uns vielleicht die Vorstellung vom Fotografieren eines Sonnenuntergangs: Ich stehe mit meiner Kamera am Strand, die Hand am Auslöser und beobachte den Verlauf der Sonne, um in dem Moment, in dem die Sonne ins Meer einzutauchen scheint, den Auslöser zu betätigen.

Das Einfangen eines Verhaltens gestaltet sich zuweilen (wie beim Fotografieren) etwas schwierig, denn man muss just im richtigen Moment Clicker und Leckerchen parat halten, dann geistesgegenwärtig clicken und anschließend belohnen. Dafür ist es oft nötig, sich im Raum so zu platzieren, dass man einen uneingeschränkten Blick auf alle Bewegungen der Katze hat.

SHAPING:
EIN VERHALTEN „FORMEN"

Shaping stammt vom englischen Verb „to shape" und bedeutet übersetzt „formen", „gestalten" oder auch „ausgestalten". Hier ist der Halter aktiv am Handlungsablauf beteiligt und versucht, der Katze Hilfestellung zu geben, sodass sie das ge-

wünschte Verhalten oder die gewünschte Bewegung von Anfang bis Ende erlernt. Beim Shaping sollte man die Katze allerdings nie in die gewünschte Position schieben oder ihr die Bewegung aufzwingen. Für das korrekte Shaping muss ich mir zuerst selbst verdeutlichen, welche Bewegung meine Katze ausführen soll und wie viele einzelne Schritte dafür notwendig sind. Beispielsweise vom Boden auf einen Stuhl springen, um dort aufrecht sitzenzubleiben, oder durch einen Tunnel kriechen. Das heißt, Sie müssen die komplette Übung bereits im Kopf in kleine Einzelschritte zerlegen und jeden einzelnen Schritt später clicken und belohnen. Anhand der Übung „Hinsetzen" möchte ich Ihnen hier exemplarisch die unterschiedlichen Herangehensweisen beim Capturing sowie beim Shaping erläutern.

ÜBUNG 1:
„HINSETZEN" MIT CAPTURING

Will ich das Hinsetzen einfangen und bestärken, ist es wichtig, dass ich clicke, während sich die Katze hinsetzt. Es kommt bei dieser Übung auf ein besonders akkurates Timing an. Zu spätes oder zu frühes Clicken würde nicht den Vorgang des Hinsetzens markieren. Ein häufiger Fehler ist, dass man zu spät clickt, wenn die Katze bereits sitzt. Damit bestärke ich das Sitzen und nicht das Hinsetzen.

ÜBUNG 2:
„HINSETZEN" MIT SHAPING

Ich möchte die Katze zum Hinsetzen animieren und nutze dafür das Schmeicheln oder den Targetstab.

1 Matisse wird von Dirk mit einem Leckerchen in der Hand von einer Seite zur anderen, also von A nach B geführt, sodass er einige Schritte macht. Dabei ist es wichtig, dass Dirk das Leckerchen genau auf Nasenhöhe hält.

2 Jetzt bewegt Dirk das Leckerchen in einem leichten Bogen nach oben, also von der Nase weg zu einem Punkt zwischen den Augen von Matisse.

3 Da Matisse das Leckerchen erhaschen möchte, folgt er dem Leckerchen mit den Augen, neigt sich dabei automatisch nach hinten und senkt sein Hinterteil. In dem Moment, in dem sich das Hinterteil senkt, wird geclickt. Matisse sitzt und erhält dafür sofort das Leckerchen.

Häufige Fehler: Der Bogen wird zu hoch angesetzt oder das Leckerchen zu hoch über der Nasenspitze der Katze gehalten. Ihre Katze wird entweder nach dem Leckerchen schlagen oder sich wie ein Erdmännchen aufrichten, was zwar sehr drollig aussieht, aber bei dieser Übung nicht gelernt werden soll.

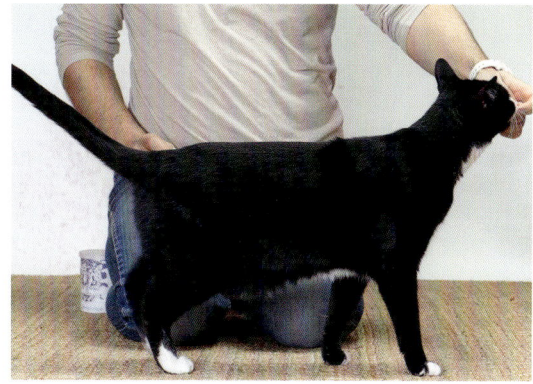

[1] KONTAKT HERSTELLEN Das Leckerchen befindet sich auf Nasenhöhe der Katze.

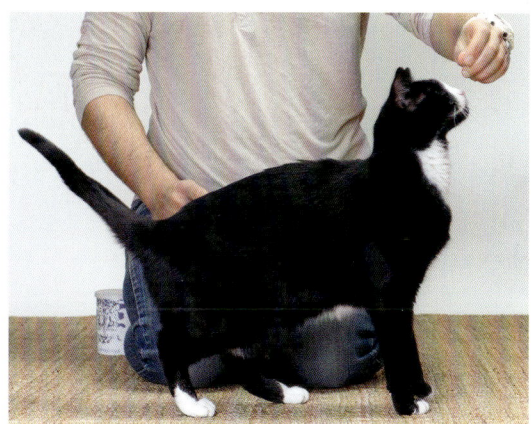

[2] IM BOGEN Die Hand wird in einem Bogen über den Kopf der Katze nach hinten geführt.

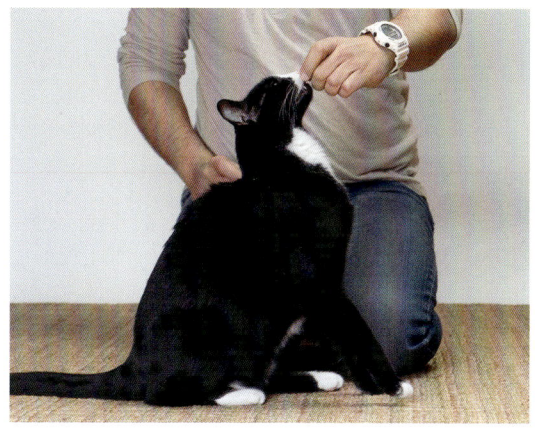

[3] BODENKONTAKT Sobald sich Matisse hinsetzt, wird geclickt und er bekommt sein Leckerchen.

ERDMÄNNCHEN Matisse setzt sich auf seine Hinter-
läufe und balanciert sich sicher aus.

ÜBUNG 3: „DAS ERDMÄNNCHEN" – AUF DIE HINTERLÄUFE STELLEN

Katzen stellen sich gerne auf die Hinter-
läufe, wenn sie etwas oberhalb ihrer Kopfhöhe inspizieren oder untersuchen wollen.
Dabei sind sie von Natur aus in der Lage,
sich perfekt auszubalancieren. Insofern
handelt es sich um ein ganz natürliches
Verhalten, das ich „Das Erdmännchen"
nenne. Dabei bevorzugen Katzen unterschiedliche Arten, sich auf ihren Hinterbeinen zu positionieren, das hat etwas mit
der jeweiligen Anatomie und ihren Vorlieben zu tun. Einer meiner Kater kann sehr
lange in der Position des Erdmännchens
verharren und sitzt dabei entspannt wie
ein Yogi zwischen seinen Hinterbeinen.
Für den anderen ist es angenehmer, sich
mit seinen Vorderpfoten (Krallen natürlich drin) an meiner Hand festzuhalten.

1 Halten Sie der Katze das Leckerchen
oder den Targetstab vor die Nase und
lassen Sie sie erst einmal Kontakt aufnehmen. Nun führen Sie das Leckerchen bzw. den Targetstab gleichmäßig
in gerader Linie wie einen Aufzug
nach oben. Orientieren Sie sich an der
Nasenspitze der Katze und bewegen
Sie Ihre Hand langsam. Sind Sie zu
schnell, bleibt die Katze oft sitzen.
Achten Sie vor allem darauf, dass die
Bewegung Ihrer Hand senkrecht nach
oben geht, damit die Katze nicht das
Gleichgewicht verliert.

2 Wenn sich die Katze aufrichtet,
clicken und belohnen Sie.
Wiederholen Sie die Übung, bis die
Katze verstanden hat, dass sie sich
vollständig aufrichten soll.

3 Im letzten Schritt clicken und belohnen
Sie, wenn die Katze in ihrer Erdmänn-
chen-Position auf den Hinterläufen
steht. Oben angekommen geben Sie
ihr das Leckerchen schnurstracks ins
Mäulchen.

Auch wenn es wehtut, schimpfen Sie
nicht, wenn Ihre Katze ihre Krallen ein-
setzt. Sie könnten sie damit verprellen.
Sollte Ihre Katze die Krallen ihrer Vorderpfote ausgefahren haben, gibt es keine
Belohnung. Dann führen Sie die Übung
mit mehreren Wiederholungen durch,
bis sie auch nur ansatzweise die Krallen
einzieht. In dem Moment wird geistesgegenwärtig geclickt, reich belohnt und
überschwänglich gelobt. Dieser Lernschritt kann unter Umständen eine Weile
dauern – lassen Sie sich nicht entmutigen.

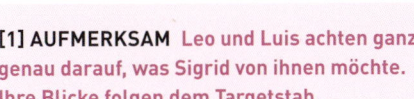

[1] AUFMERKSAM Leo und Luis achten ganz genau darauf, was Sigrid von ihnen möchte. Ihre Blicke folgen dem Targetstab.

[2] ERDMÄNNCHEN Leo richtet sich langsam auf. Auch mit erhobenen Pfötchen sind die Krallen nicht ausgefahren.

[3] SCHMEICHELN Es geht auch ohne Target: Sigrid schmeichelt und Luis hat sich zum perfekten Erdmännchen aufgerichtet.

[4] ABSTÜTZEN Das darf sein. Jana gibt das Leckerchen, während Esme mit den Pfoten an Janas Hand die Balance hält.

Mit Signalen lernen

Es gibt zwei Arten von Signalen, die bei der Arbeit mit Katzen eine Rolle spielen – man kann eine Übung mit akustischen Signalen (z. B. Worte) oder mit Gesten (z. B. Handzeichen) verbinden.

Ein Signal ist sinngemäß ein Kommando oder Befehl. Ich mag diese Begriffe (wie übrigens andere Autoren auch) überhaupt nicht, da sie sofort die Assoziationen von Drill und militärischem Gehorsam wecken. Clickertraining ist für mich jedoch ein Akt des freundschaftlichen Austauschs mit meiner Katze. Deshalb ziehe ich es vor, den Ausdruck „Trainingsvokabeln" für akustische Signale und Trainingsgesten für Handzeichen zu benutzen.

SUPERTALENT Filou hat gelernt, auf Handzeichen hin in der Position sitzen zu bleiben. Dies ist auch mit einer akustischen Vokabel wie „Bleib" möglich.

TRAININGSVOKABELN UND TRAININGSGESTEN

Sobald Ihre Katze eine Übung ganz gekonnt ausführt, können Sie mit dem Training der Signale beginnen und das gewünschte Wort oder Handzeichen einführen. Die Übung „Bleib" bietet sich an, um zum ersten Mal den Einsatz einer Trainingsvokabel oder -geste zu erproben.

ÜBUNG 1: „BLEIB"
Mit der Übung „Bleib" können wir das Verweilen in einer Position trainieren. Sehr agilen Samtpfoten fällt es anfangs gar nicht so leicht, sich zurückzuhalten. Beginnen Sie damit, das Sitzenbleiben am Platz zu üben. Voraussetzung hierfür ist, dass Ihre Katze die Übung „Sitz" schon beherrscht. Gelingt ihr das problemlos, bleiben Sie vor ihr sitzen, clicken in kurzen regelmäßigen Abständen und belohnen sie fürs Verweilen auf ihrem Platz.

ÜBUNG „SITZENBLEIBEN" MIT TRAININGSVOKABEL
Klappt die vorherige Übung, dann sagen sie direkt nach dem Click in einem freundlichen, auffordernden Ton „Bleib" und geben dann das Leckerchen.

ÜBUNG 2: „TUNNEL DURCH"

Bei dieser Übung verwenden wir einen handelsüblichen Katzentunnel aus einem raschelnden Material oder aus Fleecestoff. Es gibt verschiedene Modelle, die je nach Bedarf verkürzt oder ausgezogen werden können. Das ist sehr nützlich und besonders für Katzen, die den Tunnel noch nicht kennen oder ängstlich sind, geeignet. Hier schieben wir ihn einfach so weit zusammen, dass die zu absolvierende Strecke kurz und überschaubar ist.
Wir arbeiten mit dem Targetstab. Sie können ebenso gut mit der Technik des Schmeichelns führen, das empfiehlt sich besonders, wenn die Übung noch neu ist.

1 Matisse wird mit dem Targetstab an den Tunnel geführt, sodass sein Kopf oder auch schon sein Blick in Richtung der Öffnung zeigt. Diese Startposition und ggf. das Hinsetzen vor den Tunnel kann geclickt und belohnt werden, wenn dieser Teil noch nicht sitzt.

2 Von der anderen Seite des Tunnels aus locke ich Matisse mit dem ausgezogenen Targetstab bzw. mit dem Leckerchen (Schmeicheln) in die Röhre. Zu Beginn wird gemäß unserem Mantra „Jeder Schritt in die richtige Richtung wird belohnt", schon nach wenigen Zentimetern geclickt. So versteht die Katze sofort, wozu wir sie animieren wollen. Falls sie besorgt wirkt oder zurückschreckt, helfen viele Clicks hintereinander.

3 Wie bei den ersten Schritten der Übung „Von A nach B" setzt sich nun wieder unsere Schwebebahn in Bewegung.

BEKOMMT KAUM GENUG Trotz seines Profistatus' will Matisse den Tunnel wieder und wieder durchschreiten.

4 So bahnen wir uns langsam den Weg durch den Tunnel.
Hat die Katze den Tunnel zum ersten Mal erfolgreich durchschritten, gibt es den Jackpot, und überschwängliches Lob und Streicheleinheiten.
Sobald die Übung verstanden ist, setzen wir jedes Mal zu Beginn der Übung eine Vokabel wie „Tunnel durch!" ein.

[1] **BLEIB** Matisse weiß, was von ihm erwartet wird. Die Trainingsvokabel „Bleib" kennt er.

[2] **TUNNEL DURCH** Und jetzt darf es losgehen. Erwartungsvoll schaut Matisse durch die Röhre.

[3] **LANG ODER KURZ** Hauptsache Matisse darf durch eine Röhre klettern. Die Länge ist ihm bei seiner Lieblingsübung egal.

[4] **TARGETSTAB ODER SCHMEICHELN** Beides ist möglich und gelingt.

[5] **FEST IM BLICK** Am Ende warten Lob, Leckerchen und viele Streicheleinheiten auf Matisse.

Clickertipp

Verstauen Sie alle Clickerutensilien am besten in einer Trainings-kiste. Sie werden ausschließlich zum Trainingsbeginn hervor-geholt und anschließend wieder weggelegt. Ihre Katze lernt beim Anblick der Kiste sehr schnell, dass es jetzt losgeht. Diese sinnvolle Angewohnheit verhindert, dass Katzen das erlernte Verhalten auch ohne Aufforderung anbieten. Sollte das bei Ihrer Katze trotzdem der Fall sein, hilft nur konsequent sein und nicht belohnen.

STOLPERSTEINE

KATZE LÄUFT NICHT DURCH, sondern um den Tunnel herum. Falls sich die Katze das Leckerchen direkt auf der an-deren Seite abholen möchte, gibt es keinen Click. Für den Fall, dass die Katze noch nicht verstanden hat, dass sie in den Tun-nel hineinlaufen soll, können Sie auch den Tunnel in Ihre Richtung drehen, da-mit sie Sie und das Leckerchen durch die Röhre sehen kann. So fällt es ihr sicher leichter.

DIE KATZE GIBT SICH DAS START-SIGNAL SELBST

Wenn die Katze ohne Ihre Aufforderung durch den Tunnel läuft, wird sie nicht belohnt. Dieses Ver-halten zeigt, dass Ihre Katze verstanden hat, wie der „Hase läuft", und probiert, wie sie an das begehrte Leckerchen kom-men kann. Erliegen Sie nicht der Versu-chung, dieses unaufgeforderte Verhalten zu clickern, denn sonst wird sich Ihre Katze angewöhnen, in allen möglichen Situationen so zu agieren. Um die Katze aufzufordern, von ihrer „Startposition" loszulaufen, bauen Sie die akustische Hilfe „Tunnel durch!" ein.

KATZE REAGIERT ÄNGSTLICH ODER ZÖGERLICH

Unterteilen Sie die Übung in viele kleine Schritte. Helfen Sie ihr mit vielen Clicks hintereinander, bis die Katze dem Frieden traut und keine Be-rührungsängste mehr beim Tunnel hat. Sobald sie die Erfahrung macht, dass ihr keinerlei Gefahr droht, lösen sich ihre Vorbehalte umgehend in Luft auf. Diese Ängste dürfen wir dennoch nicht bagatellisieren – wir müssen sie ernst nehmen – vorsichtiges Herantasten an neue Situationen ist für das Katzenleben überlebenswichtig.

NUR MUT Jana motiviert Esme und Carlos, sich in den Tunnel hineinzutrauen.

THE SKY

is the limit

Springen macht Spaß

Die meisten Katzen, die ich kennenlernen durfte, sind passionierte Springer. Gerade bei jungen, unterforderten Katzen und sehr agilen Rassen wie Bengalen und vielen Orientalen haben wir mit Sprung-übungen viel Erfolg.

Diese Katzen fordern uns geradezu ungeduldig zum Weitermachen auf, wenn wir in unseren Kursen kurz pausieren oder zu lange erklären. Junge Katzen brauchen ein enormes Maß an Bewegung und Ansprache und sie merken selbst schnell, wie gut ihnen diese Aktivität tut und reagieren unendlich dankbar. Endlich hat ihr Mensch verstanden! Unsere Kunden staunen oft über die Begeisterung ihrer Katzen und das Potential, das in ihnen steckt.

SPRUNGÜBUNGEN

Durch Sprungübungen können wir einerseits Katzen mit Bewegungsdrang physisch auslasten und ihrem elementaren Bedürfnis nach körperlicher Betätigung nachkommen, andererseits profitieren bisherige „Couch Potatoes" enorm von diesem Fitnesstraining, das ihre Körperbeherrschung trainiert und ihnen zu mehr Vitalität und Lebensfreude verhilft.

DER FLIEGENDE KATER Carlos schraubt sich begeistert in die Lüfte.

ÜBUNG 1:
DER KISSENSPRUNG

Bei den ersten Sprungübungen verwende ich als einfaches und in jedem Haushalt verfügbares Hindernis ein Sofa- oder Kopfkissen, das so stabil ist, dass es nicht in sich zusammenfällt.

1 Dirk positioniert Matisse auf der einen Seite des Kissens und führt ihn schmeichelnd mit der Hand zur anderen Seite. Alternativ kann auch mit dem Targetstab geführt werden.

2 Bei den ersten Versuchen kommt es nur darauf an, dass sich die Katze über das Hindernis hinweg bewegt, egal wie langsam, ob kriechend, kletternd oder vielleicht auch schon springend. Natürlich wird bei der Landung geclickt und begeistert gelobt. Dann versuchen wir es mit kleinen Hürdensprüngen.

3 Dirks Hand nimmt den Bogen von Matisse' Sprung vorweg. Matisse springt konzentriert in einer runden Flugbahn über das Hindernis. Hier ist die Hand noch auf Matisses Kopfhöhe …

4 … und bewegt sich dann bogenförmig nach unten. Matisse folgt der Hand mit dem Leckerchen und behält sie genau im Blick.

5 Kurz vor der Landung befindet sich die Hand bereits auf der Endposition, wo Matisse belohnt wird. Sobald seine Vorderpfoten den Boden berühren, wird geclickt. Wichtig für die Übung ist, dass sich die Hand genauso schnell und dynamisch über das Hindernis

bewegt, wie der Sprung erfolgen soll. Von der Absprungposition zum Landeplatz – nun nicht mehr im Tempo einer langsamen „Schwebebahn" – sondern flink wie ein Frosch.

STOLPERSTEINE
BEIM KISSENSPRUNG

KATZE WÄHLT DEN SCHLEICHWEG UND LÄUFT UM DAS HINDERNIS HERUM Wenn Ihre Katze um das Hindernis herumläuft, anstatt den Weg über das Kissen zu nehmen, wird sie nicht belohnt, sondern erneut geduldig animiert, bis sie die Übung verstanden hat. Schritt für Schritt mit vielen Clicks geht es ganz einfach – egal ob kletternd oder springend. Wir können den Schleichweg auch blockieren, indem wir ein weiteres Kissen hinzunehmen und somit den Weg um das Hindernis herum verlängern und unattraktiv machen. Sie können die Übung aber auch mit einem Partner durchführen, der auf der anderen Seite des Kissens kniet. So wird Ihre Katze leicht lernen, was Sie von ihr möchten, und schnell Gefallen daran finden.

ÜBUNG 2:
VARIATION „KNIESPRUNG"

Statt über das Kissen lässt sich auch elegant übers Knie springen. Matisse schraubt sich in die Lüfte.
Wie bei der Übung „Unter der Brücke" spreizen Sie die Beine so weit, dass die Katze genug Platz zum Landen hat. Ihr Bein fungiert nun als natürliches Hindernis. Sie können die Höhe Ihrer „Hürde" nach Belieben variieren.

[1]

[2]

[3]

[1] WAS GIBT ES HEUTE? Erst einmal wird das Leckerchen begutachtet.

[2] AUF DIE PLÄTZE Dirk gibt Matisse mit seiner Hand Orientierung. Immer der Hand nach, die die Flugbahn anzeigt.

[3] NUR NICHT ZÖGERN Ist die Hand zu langsam, wundert sich die Katze. Hier heißt es für Dirk, ganz flink zu sein.

[4] GESCHMEIDIG und gekonnt. Sprünge machen jeder Katze Spaß.

[5] GEMEINSAME FREUDE Und mit großer Leichtigkeit haben es beide gleich geschafft. Die Belohnung wartet schon.

[4]

[5]

93

[1]

[2]

[1] VOLLER VORFREUDE Aus Carlos Sicht kann mit der Übung sofort begonnen werden.

[2] LECKERCHEN WIRD PRÄSENTIERT Mit ihrer rechten Hand bietet Birga Carlos das Leckerchen an.

[3] DIE SCHWEBEBAHN FÄHRT LOS Birga startet ihre Bewegung zum zweiten Stuhl. Carlos setzt zum ersten Schritt an.

[4] UND WIEDER ZURÜCK Nach dem Click und der Belohnung geht es in die andere Richtung.

[5] ZWISCHEN DEN STÜHLEN Geclickt wird erst, wenn alle vier Pfoten auf der Stuhlfläche angekommen sind.

[3]

[4]

[5]

ÜBUNG 3:
VON STUHL ZU STUHL

Um unausgelasteten oder unfitten Katzen eine physisch fordernde Aktivität zu bieten, die ihnen Spaß macht, führen wir eine weitere Übung ein: Den Sprung über den Abgrund – das heißt weniger dramatisch ausgedrückt von Stuhl zu Stuhl springen. Sie können diese wunderbare Übung sowohl in der Wohnung als auch im heimischen Garten trainieren, vorausgesetzt die Katzen sind erfahren. Sie sollen sich dort ganz sicher und geschützt fühlen. Aber zunächst gewöhnen wir unsere Katze erst einmal an die Stühle, indem wir sie von Sitzfläche zu Sitzfläche führen.

1 Dafür positioniere ich zwei Stühle so, dass sie sich mit den Sitzflächen beinahe berühren. Ich starte, indem ich Carlos mit dem Targetstab auf einen Stuhl führe (Sie können auch schmeicheln). Dafür gibt es sofort einen Click und eine Belohnung.

2 Wie bei der Grundübung von A nach B zeige ich mit dem Targetstab (oder schmeichelnderweise) den Verlauf des Weges vor. (Ungeübte Katzen werden langsam und mit viel Zuspruch und Belohnung folgen.) Versuchen Sie hierbei, möglichst flüssig und ohne unnötige Pausen zu arbeiten. Gehen Sie konzentriert vor und halten Sie genügend Leckerchen in der Hand. Wenn man zu lange wartet, springt die Katze wieder auf den Boden, da sie noch nicht weiß, was wir von ihr möchten.

3 Auf der anderen Seite wird in dem Moment geclickt und belohnt, wenn sie mit allen vier Pfoten die Stuhlfläche berührt.

4 Und so geht es auch wieder zurück.

5 Carlos ist der Meinung, er hätte längst die nächste Belohnung verdient. Ich clicke in dieser Phase aber erst, wenn er mit allen Pfoten auf dem Stuhl angekommen ist.

NICHT ÜBERFORDERN Trainieren Sie in kurzen, knackigen Einheiten mit ausgiebigen Pausen danach.

[1] KONZENTRATION Gleich gehts los.

[2] ABSPRUNG Carlos ist unterwegs.

[3] LANDUNG Kurz vor dem Targetstab.

[4] UND ZURÜCK Jetzt wirds sportlich.

ÜBUNG 4:
SPRINGEN MIT TARGETSTAB – DER SPRUNG ÜBER DEN ABGRUND

Dann steigern wir langsam aber kontinuierlich den Schwierigkeitsgrad, indem wir den Abstand der Stühle vergrößern und die Katze einen kleinen Hüpfer oder Sprung vollführen muss.

1 Beim Springen positioniere ich die Katze mithilfe des Targetstabs auf ihre Absprungposition. Der Target ist zwar nah bei der Katze, doch so weit entfernt, dass sie ihn noch nicht berühren kann.
Dann nehme ich mit dem Targetstab den Sprung der Katze vorweg. Das heißt, der Ball des Targetstabs vollführt die gleiche schnelle und dynamische Flugbahn, wie sie die Katze in einem natürlichen Sprung absolviert. Dabei kann ich zusätzlich eine akustische Trainingsvokabel wie „Hopp", „Spring" oder „Flieg" einführen. Dann warte ich mit dem Target auf der anderen Seite, dort, wo die Katze landen soll. Würde ich mit dem Target eine langsame Bewegung ausführen, wäre die Katze irritiert und würde entweder gar nicht oder sogar gegen den Target springen.

2 Carlos fixiert den Targetstab und nimmt ganz genau Maß, wie weit der Sprung ausfallen muss. Für ihn ein Leichtes. Dann springt er kraftvoll ab.

3 Carlos hat alles im Blick. Sobald er gelandet ist und die Nase den Target berührt, wird geklickt und er bekommt seine Belohnung.

4 Nach einem Richtungswechsel geht es gleich wieder mit demselben Elan zurück. Am Ende der Übung bekommt Carlos natürlich den Jackpot und überschwängliches Lob sowie Streicheleinheiten. Dann rücken wir die Stühle weiter und weiter auseinander – wir loten aus, was in unseren kleinen Springern steckt.

HILFE FÜR FORTGESCHRITTENE

Wenn diese Übung durch fleißiges Trainieren gut funktioniert, reicht es in der Regel aus, mit dem Targetstab einmal auf den Stuhl (Landeposition) zu tippen und die Katze mit der akustischen Trainingsvokabel wie „Hopp", „Spring" oder „Flieg" zum Springen aufzufordern.

STOLPERSTEINE BEI DEN SPRUNGÜBUNGEN

SCHLEICHWEG Wenn die Katze bei weiten Sprüngen den Weg über den Boden wählt, um Energie zu sparen, wird nicht belohnt, sondern gleich noch einmal wiederholt. Um diesen Schleichweg unattraktiver zu gestalten, legen wir in der Wohnung zwischen den Stühlen ein Kissen auf den Boden. Dies wirkt meistens Wunder.

KATZE SPRINGT NUR IN EINE RICHTUNG Für den Weg zurück wählen einige Springer vorzugsweise den Boden. Auch Katzen haben ihre „Schokoladenseiten". Üben Sie den Rückweg, indem sie den Stuhl etwas näher an den anderen stellen, sodass es wieder einfacher für sie wird. Erst wenn Hin und Her gleicher-

maßen gut funktionieren, wird der Abstand wieder vergrößert. Gerade schwierige Aufgaben, die die Katze meistert, stärken ihr Selbstbewusstsein ganz enorm, frei nach dem Motto: „Die Katze wächst mit ihren Aufgaben."

OPTIMALE SPRUNGDISTANZ FINDEN

Sprünge sollten der Katze weder zu schwer noch zu leicht fallen. Übertriebener Ehrgeiz und damit Überforderung sind beim Clickern kontraproduktiv. Unterforderung kann jedoch auch schnell zu Langeweile führen. Vergrößern Sie den Abstand zwischen den Stühlen und beobachten Sie, ob Ihre Katze die Übung noch begeistert ausführt. Springt sie zwischen den Stühlen auf den Boden, war die Distanz zu groß. Verkleinern Sie diese wieder und versuchen Sie es erneut. Finden Sie den richtigen Abstand. Übung macht den Meister.
Bei „Sprungmeister" Carlos haben wir eine optimale Distanz gefunden. Er springt eine runde, harmonische Flugbahn, um dann sicher und mühelos zu

SCHRITT FÜR SCHRITT Carlos startet seinen Multi-Hürdenlauf über mehrere Stühle.

landen und hat offensichtlich großes Vergnügen bei dieser Übung. Carlos mag gar nicht mehr aufhören und tut lautstark seine Freude kund.

VARIATION 1:
MEHRERE SPRÜNGE IN FOLGE

Wenn Ihre Katze gerne springt und die erste Stuhlübung begeistert mitmacht, dann können Sie die Übung ausdehnen und den Schwierigkeitsgrad erhöhen, indem Sie mehrere Stühle hintereinander aufstellen.

VARIATION 2:
SPRUNGRICHTUNG WECHSELN

Lassen Sie Ihre Katze erst hintereinander über zwei bis drei Stühle springen und dann die Richtung wechseln. Beim nächsten Mal bitten Sie Ihre Katze, den gesamten Stuhlparcours zu durchlaufen, um schließlich erneut die Abfolge zu ändern. So bleiben Sie und Ihre Katze konzentriert bei der Sache.

VARIABLE BELOHNUNG EINFÜHREN

Clicken und belohnen Sie Ihre Katze nicht mehr nach jedem erfolgreichen Sprung. Überraschen Sie sie. Wir sprechen hier von „variabler Belohnung". So steigern Sie die Motivation und halten die Konzentration. Belohnen wir über einen längeren Zeitraum im immer gleichbleibenden Abstand, verlässt sich die Katze darauf, dass sie auch für altbekannte, für sie „kinderleichte" Übungen ebenso belohnt wird wie für neue, geistig anspruchsvollere oder körperlich anstrengendere Übungen. Wir wollen sie aber herausfordern und fördern. Die Katze muss natürlich auch bei dem Prinzip der variablen Belohnung wissen, dass sie belohnt wird, allerdings nicht genau zu welchem Zeitpunkt der Übung. Wie immer bauen wir dieses Prinzip systematisch auf, sodass es Spaß macht und die Katze nicht enttäuscht und irritiert auf der Strecke bleibt.

HIER GEHTS LANG Jana nutzt den Targetstab, um Carlos die Richtung zu zeigen.

VARIATION 3:
DIE VARIABLE BELOHNUNG BEIM „STUHL ZU STUHL SPRINGEN"

1 Zunächst üben Sie die Sprünge ein paar Mal wie gewohnt mit einem Click und einer Belohnung nach jedem erfolgreichen Sprung.

2 Dann clicken und belohnen Sie erst nach dem zweiten erfolgreichen Sprung. Die Katze wird erfahrungsgemäß erst einmal überrascht schauen, da nun der erwartete Click ausgeblieben ist.

3 Daher ist es besonders wichtig, sie flüssig zum nächsten Sprung zu motivieren. Dort wird selbstverständlich gleich geclickt, belohnt und wieder ganz besonders gelobt.

4 Variieren Sie jetzt erneut: Belohnen Sie zunächst ruhig wieder direkt nach dem nächsten Einzelsprung.

5 Dann erst wieder nach zwei Sprüngen. So lernt die Katze, dass sich das Weitermachen lohnt.

6 Wenn dieser Modus gut funktioniert – die Katze Sie nicht mehr fragend oder irritiert anschaut –, versuchen Sie es mit drei Sprüngen zügig hintereinander – „hin-her-hin!". Übertreiben Sie es bitte nicht, sonst könnte die Katze frustriert aussteigen.

7 Geschieht dies, gehen Sie wie gewohnt eine Stufe im Schwierigkeitsgrad zurück, bis es wieder klappt. Wenn der Click von nun an hin und wieder „ausfällt", loben Sie die Katze trotzdem. Wenn Sie schon akustische Trainingsvokabeln oder Gesten eingeführt haben (Siehe Seite: 86 „Signale einführen"), feuern Sie sie ruhig freundlich mit Ihrem Signal (z. B. „Hopp") an. So werden Sie sehr ermutigende Fortschritte erzielen.

[1]

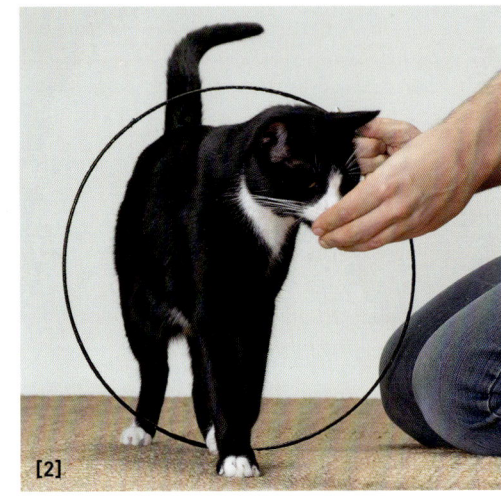

[2]

[3]

[1] ALLER ANFANG IST SCHWER Schmeicheln hilft beim ersten Durchgang.

[2] HOCH DEN SCHWANZ und einen kleinen Haken am Schwanzende. So zeigt Matisse seinen Spaß an der Übung.

[3] LECKERCHEN Wenn es außerordentlich gut riecht und schmeckt, lässt Matisse den kleinen Happen nicht aus dem Blick.

[4] SCHWEBEBAHN Immer auf Höhe der Nase und geradeaus – so führt die Hand.

[5] UND ANDERSHERUM Nun geht es in die Gegenrichtung. Am Ende folgen Click, Lob und Belohnung. Er hat es sich verdient.

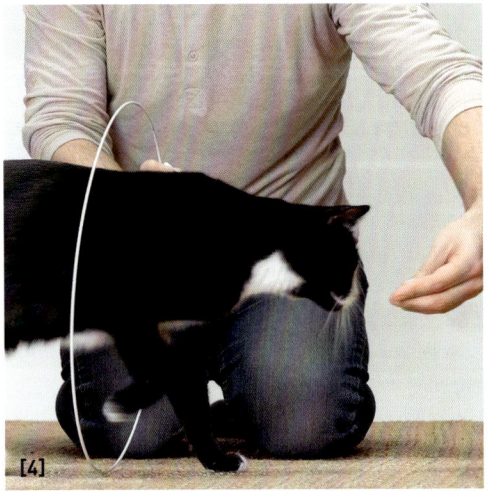

[4]

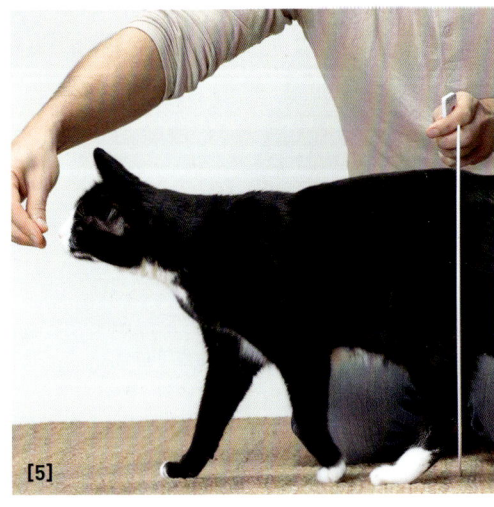

[5]

ÜBUNG 5:
DURCH EINEN REIFEN LAUFEN

Um die Katze langsam und behutsam an den Reifen zu gewöhnen, darf sie ihn erst einmal inspizieren und beschnüffeln und wird dafür geclickt und belohnt.

1 Dirk stellt den Reifen senkrecht auf den Boden und führt Matisse mit der Hand schmeichelnd zur Ausgangsposition. Dabei führt er die Katze gerade auf das Hindernis zu.

2 Matisse folgt der Hand und läuft durch den Reifen.

3 Die Hand hat Matisse dabei immer im Blick.

4 Erst wenn die vierte Pfote durch den Reifen geht, wird geclickt und belohnt.

5 Für die andere Richtung wechseln Leckerchen (alternativ Targetstab) und Reifen die Hand. So wird es einige Male wiederholt, bis die Katze flüssig hin und her läuft.

ÜBUNG 6:
DURCH EINEN REIFEN SPRINGEN

Wenn die Katze entspannt durch den Reifen läuft, wird dieser immer ein wenig höher gehalten, bis wir die optimale Höhe für die Katze gefunden haben. Es kommt immer wieder vor, dass eine Katze unter dem Reifen hindurchläuft. Dies ist gut nachvollziehbar. Die meisten Katzen möchten anfangs schlicht und einfach an das Leckerchen, das sich auf der anderen Seite des Reifens befindet. Bevor sie Energie für einen kräftezehren-

den Sprung verschwenden, versuchen sie es zunächst auf energieeffiziente Art und Weise, das heißt, ohne zu springen. Dies kann ich trickreich und spielerisch verhindern, indem ich zum Beispiel ein kleines Kissen unter den Reifen lege und ihn darauf stütze, sodass der zuvor gewählte „Schleichweg" nicht mehr zur Verfügung steht. Nachdem die Katze den Sprung einige Male absolviert hat, können wir das Kissen wieder entfernen. Viele sportliche Katzen, die sich sehr schnell für Bewegung begeistern lassen, merken augenblicklich, wie viel Spaß es macht. Andere, eher träge Exemplare, brauchen manchmal etwas Überredung. Mit Lob, leckerer Belohnung und anschließendem Erfolg wird es nicht lange dauern, bis auch sie dem Zauber der Bewegung erliegen. Auch für uns Menschen sind die ersten Schritte zu einem aktiven, sportlichen und gesunden Leben häufig die schwierigsten. Erst mit Routine, und wenn wir merken, wie gut uns die Aktivität tut, wollen wir sie nicht mehr missen. Gerade Wohnungskatzen brauchen unbedingt Bewegung, Ansprache und Erfolge – wir haben sie in unser Zuhause geholt und stehen damit in der Pflicht. Ich erlebe dies immer wieder als ein Privileg. Und gemeinsame kreative Aktivität macht vor allem auch Spaß.

ÜBUNG 7: DURCH EINEN REIFEN VON STUHL ZU STUHL SPRINGEN

Dies ist im Prinzip die etwas erweiterte Übung von Seite 96, nur dass ich noch einen Reifen in der Hand halte. Diese Übung ist für die Katze nicht schwieriger, sie stellt allerdings Herausforderungen an unsere Koordinationsfähigkeit.

[1] ABSPRUNG Carlos schraubt sich kraftvoll und kontrolliert in die Höhe durch Birgas Reifen.

[2] FLUGPHASE Perfekt ausbalanciert fliegt er in eleganter Bahn auf den Stuhl zu.

[3] LANDUNG Punktgenau landet er auf dem Stuhl. Flug beendet, Landung gelungen.

1 Birga hält Reifen und Clicker in der einen, den Targetstab in der anderen Hand. Mit dem Targetstab zeigt sie Carlos die Flugbahn und das Sprungziel. Carlos fixiert den Targetstab und ist absprungbereit.

2 Er streckt sich im Flug und benutzt seinen Schwanz als Balancehilfe.

3 Geschickt landet er auf seinen Vorderpfoten, während er die Hinterpfoten noch durch den Reifen hebt. Nach der vollständigen Landung und wenn er das Bällchen mit der Nase berührt hat, bekommt er seine Belohnung.

VERSCHIEDENE SPRUNGHÖHEN

Wir sorgen für Abwechslung, indem wir die Höhe des Reifens variieren und der Katze so verschiedene Flugbahnen anbieten. Für eine hohe Flugbahn stellen Sie die Stühle näher zusammen und halten den Reifen höher, für eine flache Flugbahn werden die Stühle weiter auseinander gerückt und der Reifen niedrig gehalten.

1 Birga hält den Reifen hoch, sodass Matisse sich mehr zusammenzieht und mit gewölbtem Rücken in einer runden Bahn durch den Reifen „fliegt." Seine Vorderpfoten berühren schon den Stuhl, die Hinterpfoten sind noch in der Luft.

2 Hier hat Birga die Stühle weiter auseinandergestellt und hält den Reifen tief. Matisse fixiert im Sprung den Targetstab und streckt sich im Flug, sein Schwanz dient als Balancehilfe. Seine Vorder- und Hinterpfoten sind gleichzeitig in der Luft und auf gleicher Höhe.

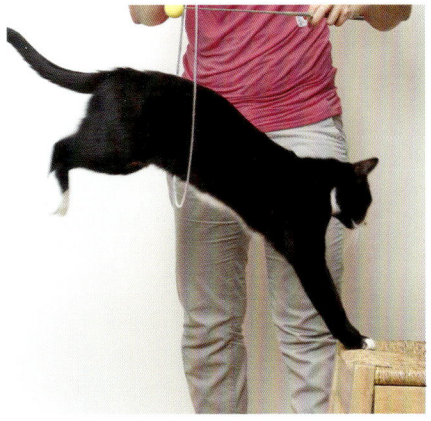

[1] HOHER REIFEN Wird der Reifen hoch gehalten, springt Matisse mit runderem Rücken.

[2] NIEDRIGER REIFEN Bei dieser Flugbahn ist der Kater lang gestreckt, um von Stuhl zu Stuhl zu gelangen.

ÜBUNG 8 :
„ÜBER STOCK UND STEIN"

Schauen Sie sich einmal in Ihrem Haushalt um. Sicherlich können Sie einige Ihrer Möbel und andere Einrichtungsgegenstände als Hilfsmittel für neue Clickerübungen in ihr tägliches Training einbinden. Dem Einfallsreichtum und den Variationsmöglichkeiten sind keine Grenzen gesetzt. Sigrid hat ein sehr schönes Kratz- und Sitzbrett an Ihrer Flurwand angebracht, das sich hervorragend für

Kletter- und Springübungen anbietet. Sie lässt den targetstaberfahrenen Leo die Sitzbretter hinauf springen. Leo katapultiert sich elegant eine Etage höher.
Man kann die Katze natürlich auch von höheren Sitzbrettern herunterspringen lassen. Aber Achtung: Für ältere Katzen und solche mit Gelenksproblemen ist der Sprung nach unten ab einer gewissen Höhe nicht sinnvoll. Nach oben zu springen fällt ihnen jedoch meistens leichter und belastet die Gelenke nicht.

SPRUNG NACH OBEN Leo katapultiert sich elegant eine Etage höher.

MÜHELOS Kater Luis springt von seiner höher gelegenen Plattform nach unten.

GLEICHGEWICHT
und Koordination

Balancieren und Klettern

Das Balancieren ist ein fantastisches Training für jeden Muskel des Körpers, egal ob bei Mensch oder Katze. Vielleicht haben Sie schon einmal einen Menschen im Park auf einem schmalen, von Baum zu Baum gespannten Synthetikband, einer sogenannten Slackline, balancieren sehen. Eine wahrhaft schwierige, auch körperlich fordernde Übung.

Balancieren bedeutet immer, sich zu überwinden und seine Mitte zu finden, es bedeutet festzustellen, ob es uns gut geht oder ob wir gestresst oder emotional bedrückt sind. Balancieren heißt mutig zu sein – Ängste zu überwinden.

Es ist für Katzen ganz normal, auf schmalen Geländern, ja sogar auf schmalsten Maschendrahtzäunen zu balancieren und an Bäumen hochzuklettern. Katzen, die ausschließlich in der Wohnung gehalten werden, müssen auf diese elementare Körpererfahrung verzichten, sie balancieren höchstens hin und wieder auf dem Badewannen- oder Waschbeckenrand. Bei Hausbesuchen treffe ich mittlerweile auf eine Vielzahl von Wohnungskatzen, die in schlechter körperlicher Verfassung sind. Ich habe extrem übergewichtige Katzen erlebt, darunter junge Tiere, denen nicht einmal der Sprung aufs Sofa oder das Bett gelang. Ihnen mussten wir das Balancieren und Klettern überhaupt erst einmal antrainieren.

Nahrung, Leckerchen und Schmusestunden, so wichtig sie natürlich sind, können bei Wohnungskatzen niemals eine adäquate Beschäftigung mit dem Tier ersetzen.

BALANCIEREN ÜBER EINE HOLZLATTE

Bei Balanceübungen ersetzen wir eine natürliche Verhaltensweise, die jede Freigängerkatze draußen ganz selbstverständlich zeigt. Wir benötigen für unsere Übungen eine Holzlatte (Vierkantholz, ca. 1,20–1,50m lang), so breit wie eine Katzenpfote (circa 3 cm oder minimal breiter), für den Anfang tut es auch ein ausgedientes Regalbrett oder zur Not, wenn Sie nichts Vergleichbares im Hause finden, auch Ihr Bügelbrett.

ÜBUNG 1: „DER SEILTANZ ÜBER DIE SCHLUCHT"

Sie sollten bei dieser Übung besonders für Stabilität sorgen – die Latte muss fest auf den Stühlen liegen, sie darf nicht wackeln oder rutschen. Es hat sich bewährt, die Holzlatte mit einer Hand festzuhalten, damit sie nicht wegrutschen kann. Diese Aufgabe kann auch ein Helfer übernehmen. So signalisieren wir der Katze: „Du bist in Sicherheit! Dir kann nichts passieren, ich sorge dafür!" Rutscht Ihre Katze ab oder kommt es zu

[1] ERSTE PFOTE Langsam herantasten.

[2] ZWEITE PFOTE Alles ist sicher.

[3] DRITTE PFOTE Mutig geht es voran.

[4] VIERTE PFOTE Toll, fast schon am Ziel!

anderen unerwünschten Zwischenfällen, können diese negativen Erlebnisse bei sensiblen Exemplaren das gesamte Gelingen der Übung infrage stellen. Um die Katze zu führen, nutzen wir den Targetstab, bei anfänglichen Problemen probieren Sie es einfach mit dem Schmeicheln.

1 Marvin wird mit dem Targetstab in die Ausgangsposition geführt. Wir zeigen ihm mit dem Targetbällchen vor seiner Nase den Weg über die Latte. Marvin reagiert, indem er eine Pfote auf die Latte setzt.

2 Marvin ist mit beiden Vorderpfoten auf der Latte und mit der Nase am Bällchen.

3 Er folgt dem Targetstab entspannt und balanciert geschickt über die Latte.

4 Marvin erreicht den Stuhl, wo er erst geclickt und belohnt wird, wenn alle Pfoten auf dem Sitzkissen sind. Bei anfänglichem Zögern trainieren Sie zunächst mittels Schmeicheln. Für jede Pfote, mit der sich die Katze auf den Balken traut, gibt es einen Click.

VARIATION 1: „BERG UND TAL"

Wenn Sie merken, dass es der Katze langweilig wird, können Sie auf einer Seite ein Kissen oder einen anderen stabilen Gegenstand unter den Stuhl legen, sodass die Latte nicht mehr horizontal aufliegt, sondern leicht ansteigt. Übertreiben Sie es bitte nicht mit dem Schwierigkeitsgrad, er ist gerade richtig, wenn sich die Katze ein wenig austarieren muss, wobei ihre Pfoten und Krallen eingesetzt werden.

ÜBUNG 2:
DIE WENDE AUF DEM BALKEN

Nun muss sich die Katze nicht mehr nur an den Ausgangs- oder Endpunkten (Stühlen) drehen, um die Richtung zu wechseln, sondern in der Mitte der Latte.

1 Birga führt Marvin schmeichelnd über die Holzlatte bis zur Mitte. Das Leckerchen befindet sich in der Führhand, der Clicker in der anderen. In der Mitte bekommt er einen Click und ein Leckerchen.

2 Dann wechselt das Leckerchen in die andere Hand und im Zeitlupentempo wandert die Führhand in die Richtung, aus der Marvin gerade kam. Marvin dreht sich erst mit dem Kopf und dann folgen die Vorderpfoten.

3 Lassen Sie Ihrer Katze genug Zeit – dies ist eine anspruchsvolle Übung. Sobald Marvin sich um 180 Grad gedreht hat, wird sofort geclickt und überschwänglich belohnt.

ÜBUNG 3: AUF DER KANTE
LAUFEN – „ON THE EDGE"

Wenn die Drehung für Ihren talentierten Stubentiger ein Klacks war, kippen Sie die Latte und stellen Sie sie mit der schmalen Seite nach oben auf die Hocker oder Stühle. Halten Sie diesmal die Holzlatte besonders gut fest. Klemmen Sie die Latte entweder fest oder bitten Sie Ihren Partner um Hilfe. Hauptsache, es kippt und wackelt nicht. Dann führen Sie die Katze schmeichelnd oder mit dem Targetstab wieder wie gehabt von einer zur anderen Seite.

[1] AUSGANGSPOSITION Die Katze läuft auf dem Balken.

[2] WENDE Das Leckerchen dreht langsam um.

[3] FAST GESCHAFFT Jetzt ist Balance gefragt.

MATISSE läuft über den hochkant gestellten Holzbalken

[1]

[2]

[3]

[1] AUFSTEIGEN Carlos setzt schwungvoll zur ersten Stufe an.

[2] ABKÜRZEN Carlos soll die ganze Höhe der Leiter erklimmen. Jana zeigt ihm den richtigen Weg nach ganz oben.

[3] HALBZEIT Der Kater erhält in luftiger Höhe einen Pausensnack.

[4] ABSTIEG Durch eine kurze Pause lassen wir Druck und Stress gar nicht erst aufkommen.

[5] FAST GESCHAFFT Auch Klettern kopfüber will gelernt sein. Belohnen Sie die Katze insbesondere dafür, dass sie alle Stufen absolviert, statt abzuspringen.

[4]

[5]

ÜBUNG 4:
AUF EINE LEITER KLETTERN

Die Leiter ist ideal für Kletter- und Gleich-gewichtsübungen. Da sich die Katze auf jeder Stufe immer wieder neu ausbalan-cieren muss, ist ein wenig Überwindung erforderlich. Dadurch lässt sich ihr Selbst-vertrauen prima stärken. Am besten eignet sich eine stabil stehende Holzleiter. Bei einer Metallleiter bekleben Sie die Stufen sicherheitshalber mit Teppichresten, so-dass die Katze Halt findet.

Bei den ersten Versuchen wird die Katze zunächst noch schmeichelnd über die Leiter geführt. Erst dann wird die Übung mit dem Targetstab ausgeführt:

1 Jana führt Carlos mit dem Targetstab an die Leiter heran, um ihn Sprosse für Sprosse hinaufzuführen. Anfänglich wird jeder Teilschritt geclickt.

2 Hier versucht Carlos, über den Schleich-weg abzukürzen. Jana bemüht sich, ihn weiter nach oben über die Leiter zu führen.

3 Oben angekommen, erhält Carlos auf halber Wegstrecke wieder einen Click und ein Leckerchen und genießt die Aussicht.

4 Jetzt beginnt der kontrollierte Abstieg. Belohnen Sie jeden Schritt, den die Katze auf dem Weg nach unten macht, ganz besonders, wenn Sie merken, dass sie sich schwer dabei tut. Legen Sie bitte bei den ersten Durchläufen immer Zwischenstopps ein, so wie Jana hier. So können wir uns kurz entspannen

NATÜRLICHE BEWEGUNG Esme und Carlos klettern auch ohne Animation leidenschaftlich gerne.

und sammeln. Eine neue, vielleicht noch aufregendere Situation wird so-mit entschärft.

5 Carlos balanciert sich kopfüber per-fekt mit seinem Schwanz aus. Manche Katzen versuchen die Übung so zu meistern, indem sie die ersten beiden Stufen klettern und dann hinabsprin-gen. Sollte Ihre Katze das tun, dann clicken und belohnen sie nicht, sonst erlernt sie den Absprung. Kurz vor Schluss gibt es noch ein Leckerchen. Geschafft: Voller Stolz erhält Carlos nach erfolgreichem Abstieg seine Leckerchen. Das ist natürlich einen Jackpot (Extrahappen) wert.

PERFEKTER KLETTERER Carlos hängt kopfüber auf dem Ast und greift nach seinem Leckerchen.

GLEICHGEWICHT HALTEN Selbst auf einem dünnen Ast ist dies für Carlos kein Problem.

ÜBUNG 5:
SPIELERISCHE ÜBUNG IM GARTEN

Für die meisten Katzen ist es ein besonderes Vergnügen, mit ihren Menschen nicht nur in der Wohnung, sondern auch an der frischen Luft ihrem geliebten Training nachzugehen. Kater Carlos und Jana haben mit dieser Kletterübung im Garten sichtlich Spaß.

1 Jana führt Carlos mit dem Targetstab an seinen Lieblingsapfelbaum im Garten. Der Targetstab befindet sich oberhalb des Katers. Carlos klettert geschickt den Baumstamm hinauf.

2 Vom Baumstamm geht es auf den Ast, während er immer noch dem Targetstab folgt.

3 Für Carlos ist es ein Leichtes, sein Gewicht auf dem Ast auszutarieren.

Er legt sich elegant ab, behält dabei aber den Targetstab im Blick. Natürlich gibt es eine angemessene Belohnung für diese artistische Übung. Nachdem Carlos den Ausblick genossen hat, geht es mit dem Targetstab wieder den Stamm hinab.

Sicherlich haben Sie schon einmal erlebt, dass es Katzen leichtfällt, einen Baumstamm hinaufzuklettern. Mit dem Herunterklettern tun sie sich allerdings erst einmal schwer. Eine sichere Absteigetechnik, wie bei Bären, die rückwärts hinabklettern, ist ihnen nicht in die Wiege gelegt; sie müssen sie erst erlernen. Es fällt einigen sogar so schwer, dass die Feuerwehr gerufen werden muss, um die verzweifelte Katze vom Baum zu retten. Klettern erfordert eine gehörige Portion Gleichgewichtssinn, Muskelkraft und Mut.

ENORME KÖRPERSPANNUNG Geschickt klettert der Kater nach oben.

DER MENSCH
als Sportgerät

Auf dem Rücken des Riesen

Katzen lieben erhöhte Plätze. Zuhause genießen es meine Kater, von der Kommode oder vom Kratzbaum aus zu köpfeln. Wenn sie die Möglichkeit dazu haben, wollen uns die meisten Katzen auf Augenhöhe begegnen – von Angesicht zu Angesicht – nicht aus der Froschperspektive.

Daher finde ich es naheliegend, ihnen diesen Wunsch gerade im Rahmen des Clickertrainings zu erfüllen. Wir können auch unseren Körper als kätzischen Übungsparcours zur Verfügung stellen. Sobald sie es einmal gelernt haben, lieben es die meisten Katzen sehr, ihre Menschen als Träger, Sportgerät oder einfach als mobile Aussichtsplattform zu nutzen. Abgesehen von dem fantastischen Ausblick „da oben" erlebt die Katze eine unmittelbare aber freiwillige Nähe zu uns. Durch die erhöhte Position und die Nähe fassen eher ängstliche Individuen so schneller Vertrauen zu ihrem Menschen und entwickeln oftmals deutlich mehr Selbstbewusstsein. Diese gemeinsamen Erlebnisse berühren mich immer wieder, führen sie doch ganz selbstverständlich zu mehr Innigkeit, Vertrauen und Verständnis füreinander.

EIN UNGEWOHNTER AUFSTIEG

In unseren Kursen reagieren unsere Schüler immer sehr erstaunt und erfreut, wenn sie sehen, wie selbstverständlich und selbstbewusst Marvin und Matisse

auch auf fremden Rücken Platz nehmen, ja sich sogar in Bocksprung-Manier meterweit von Rücken zu Rücken katapultieren. Es ist alles nur eine Frage von behutsamer Gewöhnung.

ÜBUNG 1: „AUF DEN MENSCHENRÜCKEN SPRINGEN"

Ein Tipp gleich zu Beginn: Tragen Sie bei den ersten Versuchen ein dickeres Sweatshirt (oder Ähnliches), falls Ihre Katze doch einmal versehentlich die Krallen ausfährt. Dann stellen Sie sich mit möglichst geradem Rücken neben eine erhöhte Fläche, von der aus die

AUSGESPROCHEN BEQUEM Birga und Luis genießen ganz offensichtlich den Körperkontakt.

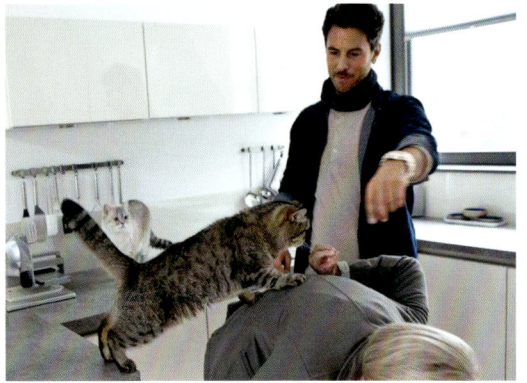

AUFSTIEG Luis hat gelernt, dass der Platz auf Sigrids Rücken sicher und bequem ist.

Katze bequem auf Ihren Rücken steigen kann (das kann ein Tisch oder eine Küchentheke sein).
Hier führt Dirk Luis schmeichelnd (alternativ wird die Katze mit dem Targetstab geführt) von der Küchentheke auf Sigrids Rücken. Sollte Ihre Katze zögern, wird schon belohnt, wenn nur ein oder zwei Pfoten auf Ihrem Rücken sind.

Unerschrockene Exemplare werden erst geclickt und belohnt, wenn sie mit allen vier Pfoten auf dem Rücken stehen. Hat Ihre Katze den Aufstieg geschafft, gibt es bei den ersten Malen einen Jackpot. Üben Sie mit einem Partner, der die Katze anleitet; es geht auch allein, aber dann mit wesentlich mehr Verrenkungen. Diese Übung wird von nun an regelmäßig praktiziert, als Vorbereitung auf die Papageienkatze.

ÜBUNG 2:
„DIE PAPAGEIENKATZE"

Wenn die Katze entspannt auf Ihren Rücken springt, ist es Zeit, dass Sie sich langsam aufrichten. Mal abgesehen von einigen todesmutigen Haudegen, lieben es die meisten, wenn Sie dabei behutsam vorgehen.

SPASS ZU ZWEIT Wie man sieht, liebt Luis den Ausblick von Birgas Schulter.

[1] MASS NEHMEN Carlos taxiert seine Landeposition.

[2] SPRUNG Carlos stürzt sich kopfüber in die Tiefe.

[3] PERFEKT AUSBALANCIERT Bei der sicheren Landung.

1 Sie stehen vornübergebeugt und Ihre Katze sitzt auf Ihrem geraden Rücken.

2 Heben Sie behutsam den Kopf und richten Sie sich im Zeitlupentempo mit geradem Rücken auf. Clicken und belohnen Sie, während Ihre Katze sich immer wieder neu ausbalanciert. So verhindern Sie, dass sie zwischenzeitlich absteigt.

3 Warten Sie ab, bis sie das Leckerchen geschluckt hat, dann geht es wieder ein klitzekleines Stückchen weiter Richtung „Gipfel".

4 Sollten Sie wie ich eher schmalere Schultern haben, stemmen Sie die Hände in die Hüften (siehe Foto links), um der Katze eine größere Auflagefläche zu bieten. Bei breiten Männerschultern ist dies nicht nötig.

5 Hat die Katze einen sicheren Stand, richten Sie Ihren Oberkörper ganz auf, schauen Sie dabei noch zum Boden.

6 Als letzten Schritt heben Sie Ihren Kopf, sodass die Katze direkt auf Ihrer Schulter Platz nimmt.

7 Dies muss gebührend gefeiert werden – das heißt Jackpot und eine schöne Belohnung, auch für den Menschen. Nehmen Sie diese Ergebnisse nicht als etwas Selbstverständliches an – Sie haben Großes geleistet.

ÜBUNG 3: VOM SCHRANK AUF EINEN RÜCKEN SPRINGEN

Statt eines Aufstiegs oder Sprungs nach oben, können Sie Ihre Katze auch von einem erhöhten Absprungplatz (wie einem Schrank) zu einem Sprung auf Ihren Rücken motivieren. Je größer der zu überwindende Höhenunterschied, desto mehr Herausforderung für die Katze.

1 Carlos nimmt vor seinem Absprung noch einmal Maß. Kalle gibt das Startsignal, indem er leicht mit dem Targetstab auf seinen Rücken tippt und Carlos anfeuert.

2 Carlos stürzt sich mutig in die Tiefe. Er balanciert sich perfekt mit seinem Schwanz aus.

3 Der Target wird etwas vom Rücken weggehalten, sodass Carlos sicher landen kann.

Sicher und stressfrei – unterwegs und Zuhause

Wer kennt das nicht: Der nächste Tierarztbesuch steht an oder Sie wollen mit Ihrer Katze verreisen. Sobald Ihre Katze den Transportkorb sieht oder Sie mit den typischen Utensilien hantieren hört, ist sie verschwunden. Häufig reicht es, wenn Sie nur an den Korb denken – und Ihre Katze ist von einer Sekunde zur nächsten wie vom Erdboden verschluckt.

Auf Situationen im Alltag, in denen Katzen realen oder vermeintlichen Gefahren ausgesetzt sind und ängstlich reagieren, können wir uns gezielt vorbereiten. Es ist unerlässlich, dass Sie mit Ihrer Katze zum Tierarzt gehen und Sie sie zu sich rufen können. Für einige ist auch ein „kontrollierter Freigang" ein sinnvoller Schutz bzw. eine echte Bereicherung des Katzenlebens.

DIE ANGST VOR DER BOX

In ihrer Not und oft unter Zeitdruck werden viele Katzenhalter handgreiflich und versuchen, ihre Katze mit allen möglichen Tricks einzufangen und sie gewaltsam ins Körbchen zu drücken. Waren sie damit „erfolgreich", erhalten sie umgehend die Rechnung: Ihre Katze randaliert im Katzenkorb, jammert herzzerreißend, maunzt oder rappelt an der Tür. Waren sie damit nicht erfolgreich, erleben diese Katzenhalter plötzlich eine Katze, die sich nach Leibeskräften wehrt und sich

mit allen vier Pfoten gegen die Eingangsöffnung stemmt. Was die Katze fühlt, ist klar: Sie fühlt sich eindeutig bedroht, vielleicht sogar in Lebensgefahr. Wenn der Halter seinen Willen dann doch durchsetzt, kauern viele Katzen in Panikstarre flach auf dem Boden. Mir sind auch diverse Fälle bekannt, bei denen völlig verängstigte Katzen mit einem Besen unter dem Sofa hervorgeholt und in den Korb gezwungen wurden. Diese Verfahrensweisen sind leider eher die Regel als die Ausnahme. Auf diese Weise speichert die Katze den Korb und alles, was damit verbunden ist, als Bedrohung ab. Eine Wiederholung dieser Erfahrung sollten Sie unter allen Umständen vermeiden.

BUSINESS AS USUAL Für Linus ist sein Transportkorb etwas ganz Selbstverständliches geworden.

EIN MUSS – TRANSPORT-KORBTRAINING

Hat man bereits derartige Fehler begangen, ist der Transportkorb für die Katze „verbrannt" – ein „No Go". Kaufen Sie sich ein hochwertiges neues Modell und spenden Sie das alte dem Tierschutz.
So wird das Training zum positiven Neubeginn ohne schlechte Erinnerungen.
Tipp: Unsere Angst überträgt sich auf die Katzen. Ganz besonders wichtig bei der Vorbereitung auf den Transport in der Box ist Gelassenheit. Bleiben Sie entspannt und geraten Sie nicht schon vorher in Panik – für viele von uns eine besonders schwierige Herausforderung. Ihre eigene Befindlichkeit, Ihre Stimmung im Positiven wie im Negativen, überträgt sich unweigerlich auf Ihre tierischen Gefährten. Das gilt auch für den Transport selbst. Wir haben an vielen Beispielen erfahren, wie viel Stress diese „Kiste" mit sich bringen kann. Jedes Mittel, das uns hilft, in dieser Situation zu entspannen, ist recht, ob dies ein kurzer Spaziergang, eine Tasse Tee, Yoga, Joggen oder die Bachblüten-Notfalltropfen sind.

ÜBUNG 1: ENTSPANNT IN DEN TRANSPORTKORB

Wir können unsere tierischen Freunde durch ein behutsames und langsames Training an die Box und den Transport gewöhnen und somit den Stress auf ein geringes Maß reduzieren.

Da die Transportbox normalerweise nur zum Vorschein kommt, wenn eine aus Sicht der Katze unangenehme Situation unmittelbar bevorsteht, signalisiert sie Ihrer Katze: „Achtung, unangenehm!" Integrieren Sie deshalb die Box von Anfang an in Ihren Alltag. Platzieren Sie die Box beispielsweise da, wo Ihre Katze gerne liegt. Es gibt sicher viele Plätze. Dadurch wird sie zum normalen Bestandteil der Wohnung, vielleicht sogar als Schlafplatz und Kuschelhöhle angenommen. Machen Sie die Box attraktiv, indem Sie dort Leckerchen deponieren oder auch dafür sorgen, dass es in der Box interessant riecht: Kleine Säckchen mit Katzenminze, Baldrian oder Katzengamander bieten sich an.

1 Im ersten Schritt clicken und belohnen Sie jedes Zeichen von Interesse, das Ihre „korbgeschädigte" Katze zeigt, sobald die neue Box in der Wohnung steht, ja selbst dann, wenn sie nur an ihr riecht.

2 Als Nächstes binden Sie den Transportkorb ganz selbstverständlich in Ihre Clickerübungen ein. Der Korb dient als Hindernis, Absprungrampe oder Pylon. Auf stabilen Körben können Sie auch Sitz oder Erdmännchen üben. Durch Belohnung, Spaß und Erfolgserlebnisse wird der einstige „Käfig" nun mit positiven Erfahrungen assoziiert.

3 Bei vielen Transportkorbmodellen ist es möglich, die verdeckten Sichtfenster zu öffnen, sodass die Box möglichst transparent, offen und nicht beengend wirkt. Führen Sie die Katze schmeichelnd oder mit dem Targetstick in den Korb. Je schwieriger dies für Ihre Katze ist, desto höher die Clickfrequenz.

AUF DEM KORB lässt es sich auch bequem sitzen – von Aufregung keine Spur.

KEINERLEI VORBEHALTE Ohne zu zögern folgt Leo dem Targetstab geradewegs in den Korb.

WAS TUN, WENN DIE KATZE AUF DER PFOTE KEHRTMACHT?

Wenn die Katze dem Frieden noch nicht so recht traut und schnell wieder aus der Box flieht, ist das völlig in Ordnung. Sie dürfen sie auf keinen Fall daran hindern. Das Prinzip der Freiwilligkeit und der positiven Bestärkung kommt hier ganz besonders zum Tragen. Da der Transportkorb schnell zum Albtraum der meisten Katzen und ihrer Besitzer wird, sind insbesondere Vorsicht und Fingerspitzengefühl gefragt. Mit der altbewährten Hauruck-Methode (Fügst du dich nicht – brauch ich Gewalt) verlieren beide, Katze und Halter.

Führen Sie Ihre Katze entspannt erneut ins Innere, clicken Sie, sobald sie hineingeht, und belohnen Sie sie. Es ist ein absolut natürliches Verhalten, dass die Katze anfangs nicht länger als unbedingt notwendig an einem für sie noch unheimlichen Ort verbringen möchte. Mit einigen Wiederholungen vermitteln wir ihr jedoch, dass es sich lohnt, in der Box zu bleiben, da dort köstliche Leckereien und Streicheleinheiten auf sie warten.

1 Im nächsten Schritt üben Sie das „Bleib" in der Box. Dafür ist es notwendig, dass Sie durchs Fenster (oder Netz) ins Innere sehen können. Sobald Sie Ihre

IN IST, WER DRIN IST Man kann den Transportkorb mit dem Clickertraining so interessant gestalten, dass plötzlich jede die Erste sein möchte. Wer hätte das gedacht?

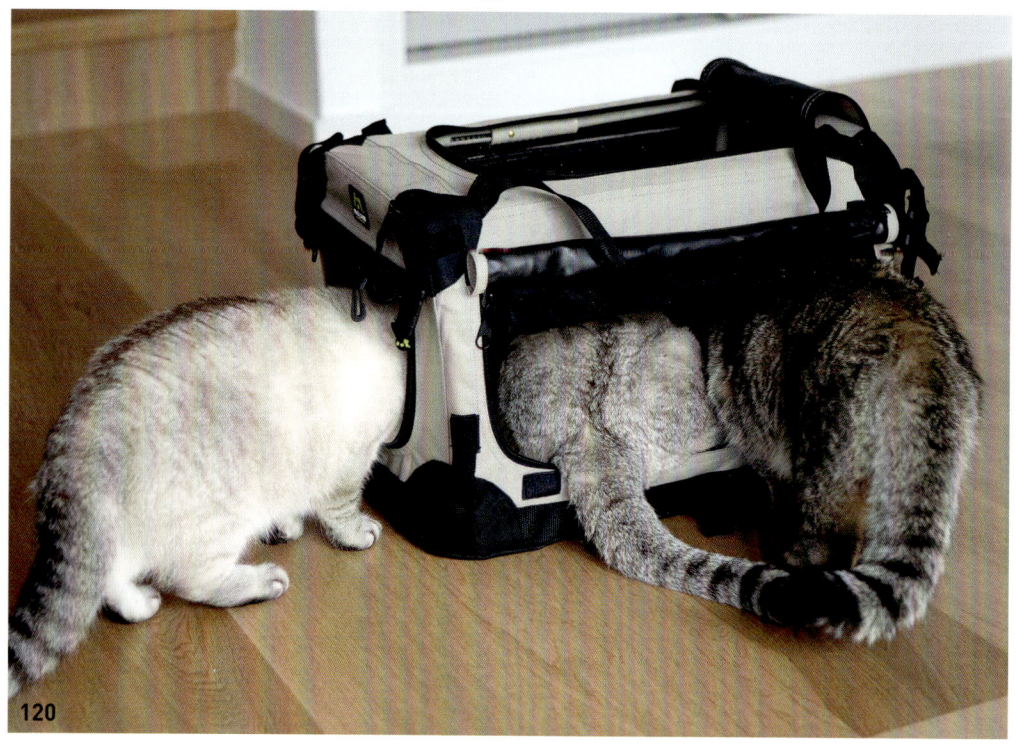

Katze in die Box geführt haben, clicken Sie im Sekundentakt und belohnen Sie ebenso schnell hintereinander, so lange wie sie freiwillig im Inneren bleibt. Sie lernt so, dass „Bleiben" ein sich lohnendes Verhalten ist.

2 Im nächsten Schritt können Sie die Transportbox zum speziellen Ausgangsort für spannende Übungen umfunktionieren. Animieren Sie Ihre Katze zu schon bekannten Clickerübungen.

3 Fühlt sich Ihre Katze sicher und geborgen in der Box, ist es Zeit, sie an geschlossene Fensterchen zu gewöhnen. Schließen Sie eine Öffnung nach der anderen. Dabei clicken und belohnen Sie jede Veränderung, bis nur noch die Front offen bleibt. Stellen Sie sicher, dass die Katze nach wie vor keine Zeichen von Angst oder Unruhe zeigt.

3 Bleibt die Katze entspannt, können Sie auch die letzte Öffnung schließen, aber lediglich für eine Sekunde. Sie clicken kurz, öffnen die Front sofort wieder und belohnen. Die Katze lernt so, dass ihr nichts Schlimmes im verschlossenen Korb geschieht. Ist die Katze entspannt, steigern wir ganz langsam die Zeitspanne, in der die Box verschlossen bleibt. Ist sie beunruhigt, pausieren wir oder lassen den Verschluss offen, clicken und belohnen, wenn sie weiterhin im Korb verharrt. Sie können auch mehrere Leckerchen auf einmal servieren und in die Box legen, sodass sie damit beschäftigt ist, ihre Belohnung einzusammeln, und ein Fluchtimpuls gar nicht erst eintritt.

SCHLIESSEN Während die Katze im Inneren ist, wird der Korb kurz geschlossen.

CLICKEN Dann wird der Clicker aktiviert und der Reißverschluss wieder geöffnet.

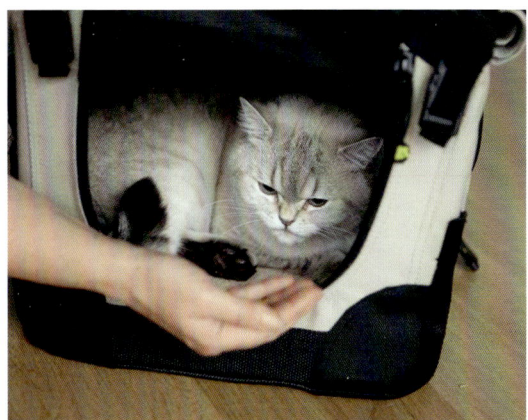

ÖFFNEN Leo fühlt sich in seinem Korb sichtbar wohl und freut sich über weitere Leckerchen.

ÜBUNG 2: TRANSPORTKORB TRAGEN UND BEWEGEN

1 Wenn sich Ihre Katze im geschlossenen Transportkorb über eine längere Zeitspanne sicher und wohl fühlt, dürfen Sie den Korb bewegen. Dafür heben Sie den Korb ganz kurz an, zählen eins und zwei, setzen ihn wieder ab, clicken, öffnen und belohnen. Beim nächsten Mal zählen Sie eins, zwei und drei und so weiter, bis Sie den Korb eine Zeitlang angehoben halten dürfen, ohne dass die Katze Angst bekommt.

GELASSEN Birga trägt den Transportkorb.

2 Nach dem Anheben üben Sie das Tragen, dafür heben Sie den Korb an und bewegen sich einen Schritt. Dann heißt es: absetzen, clicken, öffnen und belohnen. Beim Tragen ist es wichtig, dass Sie den Korb mit Ihren Händen so stabilisieren (siehe Foto), dass dieser nicht hin und her wackelt. Ein Schaukeln ist sehr unangenehm für Ihre Katze und diese Erfahrung könnte das Erlernte wieder zunichtemachen, dann hieße es wie im Monopoly-Spiel: „Gehe zurück auf Start."

3 Jetzt dürfen Sie die Strecke verlängern und schon einmal aus der Wohnung gehen. Wie lange es dauert, bis Sie, Katze und Korb im Auto sitzen, hängt sowohl von der Häufigkeit Ihres Trainings als auch von der Persönlichkeit und den gemachten Erfahrungen Ihrer Katze ab.

DIE SCHLAUE KATZE HÖRT AUF SIGNAL

Katzen haben im Haus, selbst in der kleinsten Wohnung, die Fähigkeit, sich scheinbar unsichtbar zu machen. Viele Halter kennen das, man durchkämmt jeden Winkel der Wohnung, die Katze ist jedoch weder an ihrem Lieblingsplatz noch an anderen Orten zu finden. Ein ähnliches Problem haben Halter von Freigängerkatzen, besonders wenn diese länger als gewöhnlich wegbleiben. Je öfter und lauter wir dann besorgt die Katze rufen, desto eher wird sie sich verstecken. Warum sollte sie auch angesprungen kommen, wenn sie in unserer Stimme „Gefahr" vernimmt? Die schlaue

[1] DAS GLÖCKCHEN ERTÖNT Filous Interesse ist geweckt.

[2] ERNEUTES LÄUTEN Filou nähert sich dem Geräusch.

[3] KONTAKT Es wird geclickt und Filou wird belohnt.

Katze bleibt in Deckung und wartet erst einmal ab, während die Halter immer nervöser werden. Ein Teufelskreis, den wir am besten dadurch durchbrechen, dass wir die Stimme durch ein neutrales Signal ersetzen. Einige Halter haben sich angewöhnt, mit der Leckerchendose zu rascheln, und oft kommt dann die Katze, aber eben nicht immer.

ÜBUNG 3:
AUF EIN SIGNAL HIN KOMMEN

Wir benutzen ein anderes, weit hörbares Signal, das sich von den normalen Umgebungslauten unterscheidet: ein Glöckchen. Sie können aber auch eine Rassel oder einen Gong nutzen. Von einer Hundepfeife würde ich Ihnen abraten, da Ihnen im Freien eventuell ein Hund entgegengelaufen kommt. Ihrer Katze würde das sicher nicht gefallen.

1 Die Übung lässt sich gut mit dem Capturing trainieren. Haben Sie das Glöckchen griffbereit, läuten Sie es, sobald die Katze den ersten Schritt auf Sie zu macht und während die Katze auf sie zuläuft, clicken und belohnen Sie sofort. Wenn nötig, oder bei längeren Strecken, auch mehrfach.

2 Die clickererfahrene Katze wird schnell verstehen, dass das Läuten Belohnung verspricht und das Kommen den erhofften Erfolg bringt. Hier läutet Anke das Glöckchen, während Filou auf uns zuläuft.

3 Noch während Filou auf Anke zuläuft, wird geclickt und natürlich sofort belohnt. Wie das geht? Üben Sie zusammen mit einem Partner, der nach dem Click der Katze sofort das Leckerchen reicht. Oder werfen Sie das kleine Leckerchen Ihrer Katze ausnahmsweise zu. Filou behält die Glocke im Blick und wird am Endpunkt erneut geclickt und belohnt.

SPIELERISCHE VARIATION:
VERSTECKEN SPIELEN

Man kann aus der Übung auch ein schönes Spiel ableiten. Seien Sie kreativ! Ich verstecke mich in meiner Wohnung immer wieder und läute das Glöckchen. Mein Kater Matisse liebt dieses Spiel und kommt dabei freudig miauend angelaufen, er erhält seinen Click und die Belohnung und wartet dann ab, bis ich das nächste Versteck gefunden habe. Und wieder klingelt es.

SICHER IM FREIEN – SO GELINGT ES GARANTIERT

Es gibt Geschirre und (maßgeschneiderte) Walking Jackets für Katzen zu kaufen. Walking Jackets ähneln Rettungswesten, die gleichmäßig am Katzenkörper anliegen und somit deutlich bequemer und gleichzeitig sicherer sind als herkömmliche Geschirre.

Wenn Sie Ihre Katze an ein Geschirr oder ein Walking Jacket gewöhnen möchten, dürfen Sie nicht zu schnell vorgehen. Gerade für eine Katze ist jede Einengung ungewohnt und sie muss sich langsam an das veränderte Körpergefühl gewöhnen dürfen. Deshalb dürfen Sie das Geschirr nicht im Hauruck-Verfahren anlegen. Gehen Sie planerisch und spielerisch vor.

ÜBUNG 4: GESCHIRR ODER WALKING JACKET TRAGEN

Ich habe Geschirr und Leinengang in meinen Sendungen in Einzelschritten gezeigt; viele Zuschauer berichteten mir danach, dass ihnen zuvor nicht annähernd bewusst war, welche langwierigen Teilschritte zur Vorbereitung erforderlich sind: die Gewöhnung an das Geschirr, das Laufen mit Geschirr und zuletzt der Leinengang. Mitunter kann es acht bis neun Monate dauern, bis eine Katze für den Leinengang fit ist. Normalerweise reichen zwei bis drei Monate, wobei es natürlich auch „Super Learner" gibt, die deutlich schneller auf den Geschmack kommen. Auch bei Katzen bestätigen Ausnahmen die Regel.

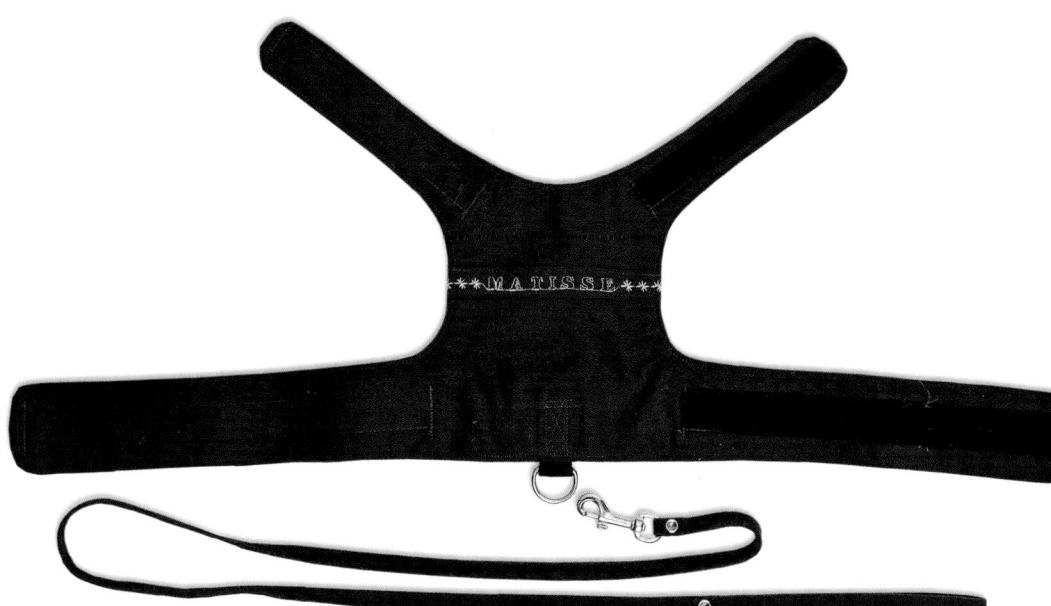

WALKING JACKET Damit lässt es sich sicher und bequem trainieren.

KEIN HINDERNIS MEHR Das Walking Jacket wird Bestandteil des Trainings.

1 Lassen Sie das neue Jacket einige Tage in der Wohnung herumliegen, sodass die Katzen sich mit dem Gegenstand vertraut machen können und das Jacket den Geruch Ihres Zuhauses annimmt.

2 Carlos und Esme kommen interessiert anspaziert und beschnuppern die Geschirre ausgiebig. Dies wird, wie jede Form von positivem Interesse, geclickt und belohnt.

3 Birga hält Esme das Walking Jacket so hin, dass sie dieses mit ihrem eigenen Geruch durch Köpfchenreiben markieren kann. Esme markiert ihr Jacket ausgiebig und genüsslich.

4 Anschließend streicht Jana mit dem Jacket über Carlos' Körper, clickt und belohnt, dass er es zulässt. Ein wichtiger Schritt, denn viele Tiere haben Angst, sobald die Hand von oben kommt, wie es beim Anlegen des Jackets nötig ist.

5 Jana legt Carlos das Walking Jacket nun kurz auf den Rücken, Birga clickt und belohnt. Carlos ist trotz aufgelegtem Jacket völlig entspannt – beide Katzen nehmen das Geschirr schon nicht mehr als Beeinträchtigung wahr.

6 Von nun an kann Birga die Zeitspanne verlängern, in der das unverschlossene Walking Jacket auf Esmes Rücken liegt. Hier schmeichelt sie Esme ein kleines Stück, sodass sie sich mit dem Jacket in Bewegung setzt. Beim Laufen mit dem Jacket erhält Esme einen Click und ihre Belohnung.

7 Birga schließt das Walking Jacket zunächst sanft und nur ganz kurz um Esmes Hals. Es wird sofort geclickt und belohnt. Dann wird der Halsverschluss umgehend wieder geöffnet. Dann wird die Zeitspanne verlängert. Klappt das gut, dann wird es auch zunächst ganz kurz unter dem Bauch mit dem Klettverschluss verschlossen, dabei geclickt, belohnt und dann wieder geöffnet.

[1]

[2]

[3]

[4]

[3] ÜBER DEN RÜCKEN Carlos lernt, dass ihm nichts Unangenehmes geschieht.

[4] AUFLEGEN Schritt für Schritt gewöhnen sich die Katzen daran, das Walking Jacket zu tolerieren.

[5] UNVERSCHLOSSEN Die neue „Auflage" stellt für Carlos keinerlei Beeinträchtigung dar.

[6] KURZ AM HALS SCHLIESSEN Sofort clicken und danach wieder öffnen. Wird dies gut toleriert, kann die Zeitspanne verlängert werden.

[7] DANN AM BAUCH SCHLIESSEN Besonders wichtig ist, dass sich die Katze wohl und nicht eingeschränkt fühlt.

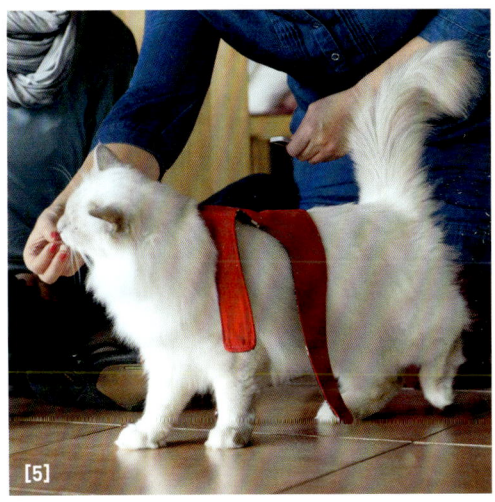

[5]

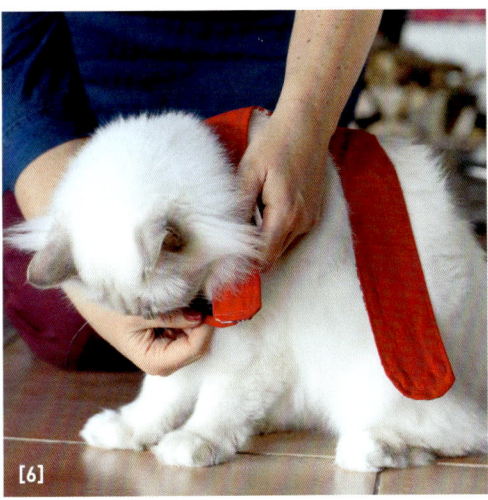

[6]

[7]

SICHERE STREIFZÜGE im heimischen Revier sind unübertroffen, aber leider nicht immer möglich.

GRÜNDE FÜR EINEN KONTROLLIERTEN FREIGANG

Oft ist es Katzen aufgrund der Wohnsituation ihrer Menschen in der Stadt oder in der Nähe viel befahrener Straßen nicht vergönnt, sich frei und selbstbestimmt draußen zu bewegen. Sie können dadurch einige Aspekte ihres natürlichen Verhaltensrepertoires nicht leben. Viele Verhaltensauffälligkeiten sind auf diesen Mangel an Bewegung zurückzuführen. Wenn Freigang nicht möglich ist, muss den Katzen die Erfahrung des Freigangs dennoch nicht versagt bleiben. Mit reichlich Training und guter Vorbereitung können wir

sie ihre Umgebung erkunden lassen, im Rahmen eines kontrollierten Freigangs. Auch wenn es nicht für alle Katzenhalter möglich ist, mit Ihren Tieren im Hof oder im Garten zu trainieren, kann der Leinengang mit Geschirr und Leine trotzdem als eigenständige Übung in der Wohnung und im Hausflur geübt werden. Für viele Katzenhalter kann Leinengang eine enorme Erleichterung auf Reisen oder beim Tierarztbesuch sein. Eine Katze, die sich an ein Geschirr gewöhnt hat, ist leichter beim Tierarzt zu behandeln und kann in unvorhergesehenen Situationen auch leichter wieder eingefangen werden.

BIRGA BESUCHT KALLE Sie unternehmen mit Carlos eine kleine Runde durch den Garten.

ÜBUNG 5: LEINENGANG AM GESCHIRR ODER WALKING JACKET

Klappt das Geschirrtragen bei allen Clickerübungen, dürfen Sie mit der Übung „Leinengang" fortfahren.

1 Die Leine führen Sie genauso ein wie das Geschirr. Sie lassen sie erst einmal in der Wohnung liegen, sodass sie ihren heimischen Geruch annimmt und die Katze sie als bekannt akzeptiert. Dann darf sie sich an der Leine reiben und ihren Geruch verteilen.

2 Als Nächstes wird die Leine ganz kurz am Jacket eingehängt, geclickt, belohnt und sofort wieder gelöst. Dieser Vorgang wird kontinuierlich wiederholt und die Zeit verlängert, bis die Leine am Geschirr kein Problem mehr darstellt.

3 Dann nehmen Sie den Targetstab und führen die Katze an der Leine auf geraden Strecken durch die Wohnung.

4 Führen Sie die Katze im Slalom um weit auseinanderstehende Stühle und andere Hindernisse, damit die Katze lernt, wie es sich anfühlt, wenn sich die Leine ein bisschen spannt. Clicken und Belohnen zeigen ihr, dass kein Grund zur Panik besteht.

Vorsichtsmaßnahmen

■ Trainieren sie Leinengang ausgiebig in der Wohnung; erst wenn alle Schritte perfekt funktionieren, auch im Hausflur.

■ Die Katze muss sich immer sicher fühlen und gelernt haben, in Paniksituationen Ihre Nähe zu suchen, anstatt zu flüchten.

■ Unternehmen Sie erste gemeinsame Versuche im Freien entweder im Hof oder im katzensicheren Garten ohne Fluchtwege, Hunde oder gefährliche Straßen.

SICHERHEITSMASSNAHMEN Ein mobiler Weidezaun kann die Risiken minimieren.

5 Im nächsten Schritt verzichten Sie auf das Führen mit dem Targetstab und lassen Ihre Katze den Weg eigenständig wählen. Sie werden in diesem Moment aus Sicht der Katze ihr Begleiter. Sie versteht sehr schnell, dass das Laufen um ein Stuhlbein mit Ihnen am anderen Ende der Leine wenig Sinn macht. Hat sich Ihre Katze doch einmal verheddert, sprechen Sie beruhigend mit Ihrem Tier, entwirren Sie die Leine, clicken dabei und belohnen. So lernt sie, dass sie bei dem Vorgang nicht in Panik geraten muss.

Falls sich die Katze einmal erschreckt und flüchten will, lassen Sie die Leine einfach los, sodass sie nicht abrupt zurückgehalten wird. Der kontrollierte Widerstand, also das Festhalten der Leine, wird dagegen allmählich sanft gesteigert.

Bevor Sie sich nach draußen wagen, üben Sie auch ganz gewissenhaft, dass es die Katze akzeptiert, wenn die Leine hinter ihr herschleift. Wenn dies anstandslos klappt, clicken Sie das be-

wusste Zurückhalten, da es in etlichen Situationen draußen unabdingbar ist. Halten heißt nicht ziehen – die Katze muss gelernt haben, dass es manchmal nicht weitergeht –, den Widerstand tolerieren, ohne panisch zu reagieren oder zu erstarren. Vorher können wir noch nicht weitergehen. Gezogen oder gar gezerrt darf an der Leine nicht werden. Wir führen sanft oder lassen uns auf den Weg der Katze ein.

6 Klappt das entspannte Neben- bzw. Hintereinanderherlaufen können Sie sich aus der Sicherheit der Wohnung hinauswagen und im nächsten Schritt den Leinengang im Hausflur üben.

7 Bevor Sie den Gang nach draußen wagen, üben Sie in einer sicheren Umgebung: In einem geschlossenen Hof oder einem katzensicheren Garten und besorgen Sie sich einen mobilen Weidezaun zur Sicherung, falls doch etwas schief laufen sollte. Seien Sie sich aller Risiken bewusst.

KATZEN DRAUSSEN AN DER LEINE FÜHREN

Ist Ihre Katze keine Freigängerin, ist der Gang nach draußen erst einmal ziemlich aufregend für Ihr Tier. Deswegen nutzen Sie anfangs auch wieder den Targetstab zum Führen, denn die Katze kann sich an dem vertrauten Bällchen vor ihrer Nase orientieren. Bekannte Abläufe schaffen Sicherheit.

Ist Ihre Katze gewöhnt, nach draußen zu gehen, können Sie den Leinengang schneller ohne Targetstab versuchen.

Auch für Freigänger gibt es zahlreiche Situationen, in denen das Einüben des Leinengangs sinnvoll ist, etwa beim Tierarzt oder auch, wenn durch einen Umzug kein Freigang mehr möglich ist oder zum gemeinsamen Erkunden von sicheren Wegen. Jana und Kalle leben in der Nähe einer viel befahrenen Straße, die schon viele Opfer gefordert hat. Daher sollen Esme und Carlos zu Ihrer eigenen Sicherheit nur an der Leine in den Garten.

Die vier sind ein eingespieltes Team und gehen oft gemeinsam spazieren. Jana und Kalle achten darauf, dass die Leinen sich nicht verheddern; die beiden Profikatzen nehmen es gelassen. Es ist auch wichtig, dass Ihre Katze lernt, in unvorhergesehenen Situationen nicht panisch zu reagieren, sondern weiß, dass sie in der Nähe ihres Menschen sicher ist und bei ihm Schutz findet. Denn sonst könnte ihr Gefahr drohen. Darauf wollen wir es nicht ankommen lassen.

AUSFLUG ZU VIERT Jana und Kalle spazieren täglich mit ihren beiden Katzen durch den Garten.

Welcher Clickertyp bin ich?

Schauen Sie sich einmal in Ihrem Haushalt um, vielleicht können Sie ja Ihre Möbel und andere Einrichtungsgegenstände für neue Clicker-übungen nutzen. Dem Einfallsreichtum und den Variationsmöglichkeiten sind keine Grenzen gesetzt.

EIGENKREATION Luis liebt Taschen jeder Art. Er klettert hinein und lässt sich von Sigrid schaukeln.

Beim Clickertraining geht es nicht um Ruhm und Meisterschaft, sondern um gemeinsamen Spaß. Notieren Sie nach dem Training, was Ihnen beim Clickern mit Ihrer Katze auffällt, was sie begeistert mitmacht, was ihr schwerfällt. Passen Sie nicht nur das Trainingstempo an Ihre Katze an, sondern auch die Wahl Ihrer Übungen. Bauen Sie regelmäßig die Lieblingsübung Ihres Stubentigers in das Training ein. Das muss beileibe nicht immer die schwerste Übung sein. Mein Kater Matisse, der einige Anfängerübungen schlicht als unter seinem Niveau empfindet, liebt „Tunnel durch". Er kann sie stundenlang wiederholen – es scheint ihm trotz seines Profistatus einfach nicht langweilig zu werden. Zudem bieten Katzen im Alltag einiges von selbst an, das wir ins Clickertraining einbauen können.

WAS MACHT MEINER KATZE SPASS?

Katzen lieben Pappschachteln und Kartons. Wie viele Halter wundern sich darüber, dass die Premiumkuschelhöhle gemieden wird, dafür aber jede Papierta-

EIN ECHTES TEAM Luis und Leo wollen beide an den Clickerübungen teilhaben.

sche oder jeder ausgepackte Karton sofort in Beschlag genommen wird. Eine wissenschaftliche Erklärung kann ich Ihnen hierfür auch nicht geben, wir müssen diese Katzenvorliebe einfach annehmen und können sie ins Training einbauen.

IN EINE PAPPSCHACHTEL GEHEN

Stellen Sie eine Pappschachtel auf und clicken Sie, wenn die Katze hineingeht. Alternativ können Sie sie mit dem Targetstab hineinführen. Wenn die Katze im Karton ist, fügen sie die einstudierte Trainingsvokabel fürs Bleiben hinzu.

SPIELERISCHE VARIANTE

Stellen sie den Pappkarton auf einen kleinen Flickenteppich. Lassen Sie die Katze hineingehen und sitzen bleiben, dann ziehen Sie den Teppich ein kleines Stück langsam mitsamt der Schachtel nach vorne. Bleibt die Katze trotzdem sitzen, gibt

es sofort den Click. Mit der Zeit können Sie die Katze so immer schneller durch die Wohnung ziehen oder an einen anderen Ort verschieben. Diese Übung bietet sich auch als eine abgewandelte Vorstufe vom Transportkorbtraining an.

ZUM SCHLUSS

Beim Clickertraining geht es nicht um Ruhm und Meisterschaft, sondern um gemeinsamen Spaß. Seien Sie aufmerksam und kreativ, dann werden Sie und Ihre Katzen mit dieser effektiven und sanften Methode schon bald kleine Wunder erleben. Warten Sie nicht, fangen Sie einfach an und erfahren Sie selbst, wie gut man mit Katzen zusammen trainieren kann. Dann hat sich dieses Buch für uns gelohnt. Sie haben gerade erst begonnen – freuen Sie sich auf mehr ...

DIE KÄTZISCHEN PROTAGONISTEN

(in alphabetischer Reihenfolge)

MIAUSTEN DANK gilt unseren Katern Marvin und Matisse. Ebenso danken wir Carlos, Esme, Filou, Leo, Luis und Linus sowie allen Katzen, mit denen wir über die Jahre üben durften.

DANK sagen wir natürlich auch Ihren Menschen: Jana, Kalle, besonders Sigrid (unserer motiviertesten Kundin, die mir immer wieder vor Augen führt, was alles durch Liebe und Kontinuität mit Katzen möglich ist) und natürlich Anke Giesemann.

[1]

[2]

[1] **CARLOS** wurde auf der Kanareninsel La Palma im Alter von fünf Wochen völlig ausgehungert in einer Bananenplantage gefunden und von Jana und Kalle aufgepäppelt.

[2] **ESME** ist eine zweijährige Heilige Birma, eine ehemalige Zuchtkatze, die ebenfalls bei Jana und Kalle lebt.

[3] **FILOU** ist ein siebenjähriger EKH und BKH-Mix. Er wurde auf einem Reiterhof geboren und lebt mit Anke Giesemann in Berlin. Er ist ein gefragter Fernseh- und Filmstar.

[4] **LUIS,** der Britisch Kurzhaarkater, lebt seit seinem dritten Lebensmonat bei Sigrid. Er ist ein federleichtes und mutiges Sprungtalent.

[3]

[4]

[5]

[6]

[7]

[5] LEO ist ein Britisch Kurzhaar-Kater und sitzt leidenschaftlich gerne auf Sigrids Rücken.

[6] LINUS Leos Bruder war lange Zeit das Sorgenkind – er hat durch das Clickertraining fantastische Fortschritte gemacht.

[7] MARVIN wurde im Alter von vier Monaten von einer Industriebrache gerettet und war in einem sehr kritischen Zustand.

[8] MATISSE ist durch unzählige Hände gegangen, bevor seine Odyssee endlich bei Birga und Dirk ein Ende fand.

[9] TABBY ist Carlos' und Esmes Nachbar. Er schaut gerne zum Clickertraining vorbei.

[8]

[9]

SERVICE

Nützliches zum Schluss

DIE AUTORIN

TIERBERATUNGSPRAXIS BIRGA DEXEL

Die Praxis für Tierberatung Birga Dexel bietet ganzheitlich orientierte Hilfe und gewaltfreie Therapie- und Trainings-methoden für Tierhalter und solche, die es werden wollen. Mensch und Tier soll ein für beide Seiten glückliches und befriedigendes Miteinander sowie eine bessere Verständigung ermöglicht werden. Birga Dexel bietet mit ihrem Team Verhaltens-beratungen für Katzen, Ernährungs-beratungen, Clickerseminare, Vorträge, Weiterbildungen sowie Ausbildungen zum Verhaltensberater für Katzen an. Auf ihrer Website finden Katzenhalter zahlreiche Expertentipps sowie aktuelle Veranstaltungstermine.

Kontakt:
Birga Dexel
Praxis für Tierberatung
Tel: 030–85967161
Fax: 03212–8596716
mail: kontakt@tierberatungspraxis.de
www.tierberatungspraxis.de
www.facebook.com/Tierberatungspraxis

Danksagung

Dirk Brandt und ich danken besonders, Matthias Huber, der uns den Weg ins Clickerland ebnete. Unser tiefer Dank gilt:
Dr. Andrea Höhling für die tiermedizinische Beratung und Durchsicht der entsprechenden Passagen im Buch sowie Conny Philipp, unserer Lektorin für ihre wertvollen Korrekturen und Anregungen und ihre unermessliche Geduld sowie unserer Agentin und Freundin Claudia Gehre. Ohne Alice Rieger und das Kosmos Team wäre dieses Buch nicht möglich.

ZUM WEITERLESEN

Dexel, Birga: **Von Samtpfoten und Kratz-bürsten.** Meine Fälle aus der Katzenpraxis.

Tapeten, die in Fetzen herunterhängen, ein nervenaufreibender Katzenkrieg, ein Kater, der sich aufs Klo tragen lässt und ein nackter Mann im Badezimmer, der helle Panik auslöst. Birga Dexel zeigt aus Katzensicht, was hinter diesen Verhaltensweisen steckt und wie man den Katzen helfen kann. Viele Probleme löst sie mit dem Clicker.

Castro, Ann M.: **Die Vogelschule.** Clicker-training für Papageien, Sittiche und andere Vögel.

Über den Tellerrand geschaut: Auch Papageien lernen mit dem Clicker. Ann M. castro be-schreibt, wie man mit Vögeln clickert und was man ihnen alles beibringen kann.

Halls, Vicky: **Die Katzenflüsterin.** Erfolgreiche Kommunikation, vertrauensvolles Miteinander.

Vicky Halls ist Großbritanniens bekannteste Katzenflüsterin. Sie berichtet aus ihrem reichen Erfahrungsschatz als Verhaltenstherapeutin und gibt dem Leser Einblicke in das Wesen und die Persönlichkeit der Katzen.

Leyhausen, Paul: **Katzenseele.** Wesen und Sozialverhalten.

Prof. Paul Leyhausen gilt als Experte, wenn es um Katzen geht. Mehr als 40 Jahre hat er Katzen und ihre frei lebenden Verwandten erforscht. In diesem Buch beschreibt er das Verhalten unserer Katzen wissenschaftlich fundiert und verständlich zugleich.

Pfleiderer, Mircea: **Katzenverhalten.** Von der Wildkatze zur Hauskatze; Mimik, Körpersprache und Verständigung.

Seit Jahrzehnten erforscht Dr. Mircea Pfleiderer das Verhalten von katzenartigen, darunter Löwen, Geparde, Karakale, Servale und Haus-katzen. In diesem Standardwerk beschreibt die renommierte Wissenschaftlerin Biologie, Individualverhalten, Kommunikationsformen, Jagd- und Sexualverhalten sowie die Domesti-kation von Katzen. Dabei schlägt sie geschickt die Brücke zwischen Wildkatze und Sofa-tigern, wobei der Unterschied zwischen unse-rem Haustier und der wilden Verwandtschaft geringer ausfällt als man vermuten mag.

Pryor, Karen: **Positiv bestärken – sanft erziehen.** Die verblüffende Methode, nicht nur für Hunde.

Karen Pryor gilt als die „Mutter" des Clicker-trainings. In diesem Buch beschreibt sie ihre Arbeit mit positiver Bestärkung und die Erfolge, die sie dadurch erzielt hat: ein Buch, nicht nur für Katzenfreunde.

Pryor, Karen. **Die Seele der Tiere erreichen.** Erfolgreich kommunizieren mit positiver Bestärkung

Dies ist die persönliche Lebensgeschichte von Karen Pryor. Sie schildert eindrucksvoll, wie sie durch positive Bestärkung die Seele der Tiere erreichen konnte. Ob Delfine, Hunde, Wölfe Pferde oder sogar Krabben: Geschichten, die unter die Haut gehen.

NÜTZLICHE PRODUKTE

Interessierte Leser können uns gerne anmailen. Wir geben ihnen dann selbstverständlich gerne alle aktuellen Produktinformationen weiter.

REGISTER

KOSMOS.
Wissen aus erster Hand.

Birga Dexel | Von Samtpfoten und Kratzbürsten
224 S., 25 Abb., €/D 16,99

Lebendig, emotional und unterhaltsam

Minka reißt die Tapeten runter, Morle prügelt sich mit seinem
Katzenkumpel und Kalle verfehlt das Katzenklo. Was steckt dahinter?
Birga Dexel lässt den Leser die Welt mit Katzenaugen sehen. Sie
veranschaulicht anhand zahlreicher Fallbeispiele nicht nur, warum
sich die Tiere entsprechend verhalten, was sie dabei fühlen und
warum sie keinen anderen Ausweg sehen, sondern zeigt auch
katzengerechte Lösungsmöglichkeiten für eine glückliche
Beziehung zwischen Mensch und Katze auf.

kosmos.de

BILDNACHWEIS

190 Farbfotos wurden von Andreas Friese für dieses Buch aufgenommen.
Weitere Farbfotos von Birga Dexel und Dirk Brandt (11; S. 5, 6, 7, 9, 12, 13, 16,
49, 69, 82, 130), Tierfotoarchiv-Drewka/Kosmos (1; S. 32), Juniors Bildarchiv
(1; S. 36), Picani (1; S. 128), Sandra Schürmans (3; S. 71, 84, 87).

IMPRESSUM

Umschlaggestaltung von GRAMISCI Editorialdesign unter Verwendung von
6 Farbfotos von Andreas Friese.

Mit 206 Farbfotos.

Unser gesamtes lieferbares Programm und viele
weitere Informationen zu unseren Büchern,
Spielen, Experimentierkästen, DVDs, Autoren und
Aktivitäten finden Sie unter **kosmos.de**

Gedruckt auf chlorfrei gebleichtem Papier

© 2014, Franckh-Kosmos Verlags-GmbH & Co. KG, Stuttgart.
Alle Rechte vorbehalten
ISBN 978-3-440-14284-4
Projektleitung: Alice Rieger
Bearbeitung: Dirk Brandt (Co - Autor)
Lektorat: Cornelia Philipp
Gestaltungskonzept: GRAMISCI Editorialdesign, München
Gestaltung und Satz: Atelier Krohmer, Dettingen/Erms
Produktion: Eva Schmidt
Printed in Slovakia / Imprimé en Slovaquie

FSC
www.fsc.org
MIX
Paper from
responsible sources
FSC® C084279